INVENTAIRE
25,381

I0057905

DE LA
RECONSTRUCTION

DU

CHEVAL SAUVAGE PRIMITIF

PAR LA

Réunion, chez un type idéal, de ses caractères spéciaux et spécifiques,
qui se trouvent épars chez ses propres races domestiques,
à l'effet d'obtenir une race française de cavalerie et ses embranchements,
qui pût, par ses marques originelles et légales,
constituer la race sacrée, c'est-à-dire la race naturelle domestiquée,

ET DE LA

RESTAURATION PAR L'OMAIMOGAMIE

DE NOS

RACES CHEVALINES RÉGIONALES

ALTÉRÉES PAR LA SÉLECTION ET LE CROISEMENT

PAR

J.-E. CORNAY

Docteur en Médecine de la Faculté de Paris, Médecin du XIe Bureau de Bienfaisance
de Paris et de l'Assistance publique à domicile,
Membre correspondant de la Société des sciences, arts et belles-lettres de Rochefort-sur-Mer
et de la Société des sciences naturelles de la Charente-Inférieure
Membre correspondant étranger de l'Académie royale des sciences de Lisbonne, dans
sa classe des sciences mathématiques, physiques et naturelles;
Membre correspondant étranger de l'Académie de Philadelphie;
Membre de l'Académie nationale agricole, etc., de Paris, et de plusieurs
autres Sociétés savantes,
Membre de la Société d'acclimatation.

PARIS

P. ASSELIN, GENDRE ET SUCCESSEUR DE LABÉ
Libraire de la Faculté de Médecine
PLACE DE L'ÉCOLE-DE-MÉDECINE

25 octobre 1861

DE LA
RECONSTRUCTION

DU

CHEVAL SAUVAGE PRIMITIF

ET DE LA

RESTAURATION PAR L'OMAIMOGAMIE

DE NOS

RACES CHEVALINES RÉGIONALES

ALTÉRÉES PAR LA SÉLECTION ET LE CROISEMENT

25381

C.

DE LA
RECONSTRUCTION
DU
CHEVAL SAUVAGE PRIMITIF

PAR LA

Réunion, chez un type idéal, de ses caractères spéciaux et spécifiques,
qui se trouvent épars chez ses propres races domestiques,
à l'effet d'obtenir une race française de cavalerie et ses embranchements,
qui pût, par ses marques originelles et légales,
constituer la race sacrée, c'est-à-dire la race naturelle domestiquée,

ET DE LA

RESTAURATION PAR L'OMAIMOGAMIE
DE NOS
RACES CHEVALINES RÉGIONALES
ALTÉRÉES PAR LA SÉLECTION ET LE CROISEMENT

PAR

J.-E. CORNAY

Docteur en Médecine de la Faculté de Paris, Médecin du XIᵉ Bureau de Bienfaisance
de Paris et de l'Assistance publique à domicile,
Membre correspondant de la Société des sciences, arts et belles-lettres de Rochefort-sur-Mer
et de la Société des sciences naturelles de la Charente-Inférieure.
Membre correspondant étranger de l'Académie royale des sciences de Lisbonne, dans
sa classe des sciences mathématiques, physiques et naturelles ;
Membre correspondant étranger de l'Académie de Philadelphie ;
Membre de l'Académie nationale agricole, etc., de Paris, et de plusieurs
autres Sociétés savantes,
Membre de la Société d'acclimatation.

PARIS

P. ASSELIN, GENDRE ET SUCCESSEUR DE LABÉ
Libraire de la Faculté de Médecine
PLACE DE L'ÉCOLE-DE-MÉDECINE

25 octobre 1851

L. 2.

Paris — Imp. de Ch. Maréchal, rue Fontaine-au-Roi, 18.

HOMMAGE A MON PAYS

France, un de tes fils, ému de tout le bien qu'il a reçu de toi, par la science qu'il a puisée au milieu de ses concitoyens, et qui depuis trente années travaille sans avoir d'autre but que de te servir à l'aide de ses connaissances acquises,

T'offre l'hommage de cet écrit sur la régénération par elles-mêmes des races chevalines régionales, parce que cette question importante se rattache à celle de la défense nationale, et que cette raison majeure lui fait un devoir de placer ce travail sous ta sauvegarde, afin que, nouvelle Minerve, tu le couvres de ton égide, et que, mère généreuse, tu le fécondes.

J.-E. CORNAY.

RÉFLEXIONS

Dans le principe, il y a peut-être dix mille ans (1), les domestications orientales du cheval sauvage primitif ont produit les premières races chevalines et leurs embranchements respectifs; mais depuis, lors des migrations des peuples et des guerres de conquête de l'antiquité, des croisements successifs de ces races inconnues de nos jours se sont opérés; il en est résulté toutes les sous-races actuelles qui peuplent la terre, même dans les lieux d'origine; ces sous-races ayant acquis dans certaines régions un degré supérieur de finesse par la culture, méritent désormais le nom de races. Seulement, en France, elles sont dans un grand dépérissement, si ce n'est une confusion générale.

Aussi est-ce une grande et précieuse idée que celle que nous poursuivons dans ce livre.

---

(1) Déjà du temps des Assyriens les chevaux étaient dans un état complet de domestication, comme le démontrent les sculptures parfaites de leurs monuments conservés au Musée du Louvre.

Exposons-la en quelques mots :

Vouloir reconstruire le cheval primitif dans un cheval domestique, pour en former ensuite la tête de colonne des autres races qui en découlent ;

Reconnaître l'importance relative de chacune de ces races d'embranchements, afin que ces données servent de base à la restauration positive de nos races nationales, qui seront alors les premières du monde ; c'est bien là une idée d'application physiologique digne de la France, et dont nous devions lui faire hommage, tout en lui en préparant les voies et lui en fournissant les moyens.

J.-E. C.

DE LA

RECONSTRUCTION

CHEVAL SAUVAGE PRIMITIF

ET DE LA

RESTAURATION PAR L'OMAIMOGAMIE

DE NOS

RACES CHEVALINES RÉGIONALES

> Ecoute, si tu aimes ton pays, si tu veux concourir
> à sa prospérité et au besoin à sa défense, laisse de
> côté les jeux du cirque et de l'hippodrome, tolère
> cependant les races étrangères, mais sème désormais
> avec intelligence le superflu de ton or dans les éta-
> bles si délaissées de nos régions hippiques.
>
> J.-E. CORNAY.

Historique du cheval sauvage primitif.

Voyant que de nos jours on ne retrouvait plus le cheval à l'état sauvage, nous avons recherché s'il ne serait
pas, par le fait, un métis fécond de deux espèces voisines. Alors nous avons porté notre attention sur le produit qui pourrait naître du mariage du couagga et du
dzigguetai.

1*

Cependant, après un sérieux examen de la physionomie du cheval, nous avons abandonné cette manière vicieuse d'envisager son origine, pour étudier désormais ses caractères spéciaux et spécifiques disséminés chez les races domestiques de ce superbe animal, caractères que nous avons su comprendre, et qui en font un type particulier dans les solipèdes.

D'abord, il est nécessaire de dire ici que, quelles que soient les races que l'on observe dans les différents pays, l'on a toujours sous les yeux des races domestiques, même pour celles que l'on trouve errantes à l'état semisauvage dans certaines parties de l'Europe (1), de l'Asie et de l'Amérique, et qui proviennent de chevaux domestiques fuyards ou mis en liberté.

L'histoire ne nous a laissé aucun renseignement sur le cheval sauvage primitif, si ce n'est quelques traditions confuses sur l'existence, dans les temps anciens, de troupes de chevaux (2) de tailles plus ou moins grandes, errantes dans les vallées des montagnes de l'Europe, et qui, suivant nous, n'étaient que des chevaux échappés aux mains des premiers occupants du pays, qui devait être plus tard les Gaules.

---

(1) Tels que les chevaux de la Camargue, des montagnes de la Corse, de nos landes de l'Ouest, des montagnes d'Ecosse, et, dans les temps antiques, ceux des Vosges, etc.

(2) *Bulletin de la Société d'acclimatation*, tome VIII, n° 9, septembre 1861, Espèces disparues, par M. de Noirmont.

Buffon nous a donné, dans son *Histoire naturelle,* une si complète histoire du cheval, dont les éléments ont été puisés chez tous les peuples, que l'on ne peut ajouter à cette belle dissertation générale que quelques détails secondaires qu'il ne pouvait se procurer de son temps, par cela même que les communications étaient fort difficiles entre les nations.

Cette histoire du cheval par Buffon fourmille de détails pleins d'intérêt, et ceux qu'il nous transmet sur les chevaux redevenus sauvages sont d'une vérité et d'une utilité incontestables. Il termine par une relation que lui a envoyé M. Forster, dans laquelle il est dit : « que les chevaux redevenus sauvages sont, comme les chevaux domestiques, de couleurs très différentes; on a seulement observé que le brun, l'isabelle et le gris de souris sont les poils les plus communs de ces tarpans de l'Ukraine et du Don. Tarpan est le nom que l'on donne à ces chevaux sauvages, en Russie et en Sibérie; il y a de ces tarpans dans les terres de l'Asie qui s'étendent depuis le 50e degré jusqu'au 30e degré de latitude. »

Ainsi, quant aux couleurs des chevaux semi-sauvages, Buffon les indique aussi exactement que pourrait le faire de nos jours l'homme le mieux renseigné, et l'indication de ces couleurs, que nous savons être exacte, est d'une importance considérable pour notre travail.

Nous avons compulsé les auteurs des diverses époques, et rien ne s'est présenté à nous qui pût nous faire admettre que l'homme appartenant à la période tradition-

nelle et historique ait jamais connu les caractères spéciaux et spécifiques du cheval sauvage primitif.

Les monuments assyriens (1), les plus antiques sans
doute, nous ont offert de très beaux bas-reliefs de chevaux excessivement bien conservés, à figure expressive,
à reins droits, sans garot, à croupe arrondie, à queue
longue, à crinière tombante, à formes parfaites, si ce
n'est les jambes et la queue raides de la manière assy-
rienne. La taille de ces chevaux, dont quelques-uns
sont montés, calculée sur celle de l'homme ordinaire
d'un mètre 72, va environ d'un mètre 40 à un mètre 50 au garot. Ces chevaux annoncent une domesticité très ancienne et complète; ils traînent des chars,
portent des cavaliers ou sont couverts de harnais. Leur
queue traînante est maintenue par quelques crins latéraux attachés vers le milieu, comme certains cochers le
font encore, ce qui est très gracieux quand ils marchent.

Tous les savants ont cherché à établir qu'il n'existait
plus de chevaux sauvages, et que ceux que l'on trouvait
errants en bandes ou en troupes plus ou moins nombreu-
ses, guidés par de vieux mâles, n'étaient que des chevaux redevenus sauvages, provenant de chevaux domestiques échappés et convertis à la liberté, surtout lors
des invasions guerrières et pendant les combats, ou main-
tenus libres.

Nous pouvons donc affirmer maintenant que ni les an-

_____

(1) Au Louvre, musée assyrien.

ciens ni les modernes, dans aucune partie du monde, n'ont connu les caractères particuliers du cheval primitif, et la diversité des couleurs de la robe des chevaux, citée par les auteurs, en est pour nous et en sera pour tout le monde une preuve irrécusable.

Cependant, les savants des diverses époques avaient, comme nous, tous les caractères du cheval primitif sous les yeux; mais il fallait les comprendre, et personne ne les a compris jusqu'à nous.

Les races chevalines.

Si les naturalistes et les anatomistes n'ont point reconnu les caractères naturels du cheval primitif, c'est que l'idée de cette étude ne pouvait guère naître dans leur esprit, au milieu des teintes si variées et si belles du cheval domestique, qui captivaient l'attention universelle. Du reste aussi, l'idée de cette étude ne pouvait pas venir à tout le monde.

D'ailleurs, du moment que l'on eut perdu, par la destruction des troupeaux du cheval sauvage et par la longue domestication des siècles, la trace des caractères légaux et naturels de la couleur du cheval primitif, qui faisait de cet animal, avec ceux fournis par la forme générale, un type particulier et fixe parmi les autres types particuliers et fixes de la progression spéciale des solipèdes, représentée par le cheval (1), le couagga, le dauw, le zèbre, l'onagre et le dzigguetai, l'homme ne vit plus, il n'y eut plus pour lui, dans les vastes régions de la terre foulées par les pieds des chevaux, que des races domestiques mêlées à l'infini depuis les temps les plus reculés, suivant les invasions, les guerres, les nécessités des tribus et les besoins impérieux des peuples.

Aux quatre coins du monde on a fait du cheval une bête de port ou de selle, une bête de somme ou de bât, une bête de trait ou d'attelage.

Voici les trois buts vers lesquels ont été dirigées à toutes les époques les diverses éducations du cheval, et même ses accouplements depuis qu'il est réduit en domesticité.

Comme on s'était aperçu que les chevaux élevés dans les plaines plus ou moins humides se développaient en hauteur et en masses musculeuses, que leurs sabots s'élargissaient et qu'ils étaient doux et forts ;

Qu'au contraire ceux qui s'élevaient dans les montagnes conservaient une petite taille proportionnée, présentaient des sabots durs et étroits, qu'ils étaient pleins de feu et d'activité ;

Que ceux des pays chauds et secs étaient généralement de taille moyenne, vifs, intelligents et intrépides ;

Qu'en un mot, la sécheresse ou l'humidité du sol et de

(1) Grec : καϐάλλης (bète de somme).

l'atmosphère, la dureté du sol et sa qualité, la nature de la nourriture et des végétaux pénétrés souvent par des éléments du sol, agissaient sur la constitution générale du cheval ;

On s'est servi de ces connaissances pour s'aider à transformer les petites races en de nouvelles races de taille plus élevée et de force plus grande, dont on devait tirer de plus utiles services pour la cavalerie, les transports ou les attelages.

Nous l'avons déjà dit dans nos ouvrages de physiologie, *la taille n'est rien comme caractère d'espèce, la forme est tout.* Buffon disait avec juste raison que la matière n'était qu'accessoire au moule intérieur.

Aussi les grands et forts chevaux sont-ils évidemment sortis du petit cheval primitif, comme on pourra le comprendre dans le cours de cet écrit.

La taille du cheval a suivi l'échelle ascendante des besoins de l'homme dans ses diverses patries.

On a dénaturé et altéré les proportions premières du cheval primitif, afin de créer des races utiles ; et d'un charmant animal, aussi léger et bien plus gracieux que l'hémione (1), on a obtenu des races de différentes tailles et même naines et géantes, qui, sous ce dernier modèle, ont rendu à l'homme de puissants services.

Par une large transition, nous voici en présence des

---

(1) Dzigguetai.

races de cavalerie des différentes parties du monde.

En les étudiant, l'on voit bientôt qu'elles ont été modifiées en taille, en force et en agilité, d'après la stature de l'homme, la pesanteur du harnais de guerre, l'effet que l'on désirait produire par le choc dans le combat, suivant les attaques légères et imprévues que l'on voulait tenter, et aussi suivant l'habitude d'une retraite précipitée après chaque attaque.

On a donc produit, par les moyens de l'accouplement, de l'éducation et de l'hygiène, ces trois modificateurs, qui ont leurs règles fixes, des chevaux de cavalerie légère et de grosse cavalerie.

De même ont été modifiés les chevaux pour le bât et l'attelage, suivant la nature des objets que l'on avait à transporter ou à traîner.

L'équitation raisonnée, l'habitude de petites charges bien fournies, de petites fuites précipitées, comme éducation, ont assoupli les muscles et fortifié les tendons, les aponévroses et les ligaments chez les chevaux qui étaient destinés à la cavalerie, et leur ont communiqué une vigueur remarquable.

Le transport de fardeaux de plus en plus lourds, ou la traction de voitures de plus en plus chargées, soit en montant, soit en descendant les pentes, ont forcé le système musculaire de l'avant-train, de l'arrière-train et des reins, chez les chevaux de trait, à se développer en masses charnues douées d'une force prodigieuse.

En même temps qu'une nourriture substantielle, sous

un petit volume (1), était donnée aux chevaux destinés à la selle, une nourriture abondante, sous un fort volume, contenant, par conséquent, plus de sucs gras, était distribuée aux chevaux de somme, de trait et d'attelage.

L'habitude de l'exercice améliore singulièrement les systèmes musculaire et tendineux, mais le travail de force les développe entièrement. Nous avons constaté, mesure en main, que les parties qui travaillaient le plus chez le même homme augmentaient en volume et en force d'un tiers sur celles qui travaillaient le moins, et cela parce que l'innervation et la circulation sont augmentées. Quand toutes les parties travaillent, toutes augmentent en volume et en force; il en est de même pour les chevaux.

L'exercice donne ainsi le cheval de selle léger, et le travail de force fournit le cheval de trait et d'attelage. Le carrossier serait un intermédiaire entre le cheval de selle et le cheval de trait.

L'éducation et l'hygiène ont donc concouru à modifier le cheval primitif.

Enfin, on a augmenté la taille des chevaux et même leur corpulence d'après la connaissance de cette règle à peu près générale, savoir, que la mère fournit le moule dont la taille et la force du produit se déduisent, ce qui n'est pas cependant toujours constant, mais le plus fréquent.

On a donc pris pour la saillie les plus fortes mères et

(1) On prétend que les Arabes et les Asiatiques donnent aux chevaux de selle une ration de chair; cela est à étudier.

les pères les plus grands et les plus beaux. Ainsi, par exemple, on est arrivé à produire, par ce moyen, ces races superbes de géants du Perche, chevaux de trait par excellence, qui cependant pèchent encore par la robe, la finesse de la peau et les détails.

Les moyens de transformation du cheval reposent en effet sur l'éducation, l'hygiène et l'accouplement :

1° Le climat a une influence marquée sur les animaux et en particulier sur les chevaux et leurs produits ;

2° L'altitude également ;

3° L'habitation des plateaux secs, des plaines sèches plus ou moins élevées convient aux chevaux de cavalerie ;

4° L'habitation des plaines basses plus ou moins humides convient aux chevaux de trait ;

5° Le libre parcours et la stabulation libre sont d'une utilité de premier ordre ;

6° La propreté, l'eau pure, le rationnement, le mode de nourriture sèche ou empâtante, sous un petit ou sous un fort volume, ont leur très bon côté ;

7° L'exercice et le travail sont précieux ;

8° L'hygiène individuelle et des étables, etc., etc.;

9° La taille dans l'accouplement termine la série des moyens modificateurs.

Voici les moyens généraux de transformation du cheval en race de métier ; mais le mode d'accouplement est le principal moyen pour maintenir les races ou les restaurer.

Si les races de chevaux sortent d'un seul et même cheval primitif, dont les bandes sauvages occupaient, bien

avant les civilisations orientales de la plus haute antiquité les plaines du nord et du centre de l'Asie, il est
évident que malgré les différences que la main de l'homme
a su imprimer, suivant les régions, à ses chevaux esclaves,
ils proviennent de la même origine, et que par conséquent
nous ne pouvons point pratiquer le métissage, qui ne peut
s'appliquer qu'entre des espèces distinctes (1) d'une même
progression spécifique. Avec les chevaux, l'on ne peut
croiser que les races (2), parce qu'ils ont seulement les
différences obtenues par les éleveurs des régions diverses
où ils sont nés.

De même que le métissage est hors de cause ici, de
même aussi nous pouvons mettre de côté l'hybridage (3),
qui, pour obtenir des mulets (êtres improductifs dans leur
descendance), s'opère entre des espèces appartenant à
des progressions spécifiques différentes, mais voisines,
formant entre elles une progression spéciale, comme par
exemple entre l'âne et la jument, animaux très différents, et dont Cuvier nous a fait à tort un seul genre.

Dans le but de restaurer les races, il nous reste à envisager les trois modes d'accouplement possibles chez les
chevaux, par cela même qu'ils ont une origine unique, le
cheval sauvage primitif.

(1) Comme entre le buffle et le bœuf ordinaire, d'où le métis et la
métisse.

(2) Dans le croisement des races d'un même animal, nous donnons
aux produits mâle et femelle les noms de *mélis* et *mélisse* (mélangé, ée).

(3) Le mot hybridage est préférable pour les animaux à celui d'hy-
bridation, qui indique l'action manuelle de l'homme.

Premièrement : Nous pouvons les marier entre proches parents, ce qui constitue ce que nous appelons l'omaïmo-gamie (1), à l'exclusion évidemment de tout ce qui est défectueux, puisqu'il s'agit de restaurer les races. C'est ce que nous avons exprimé ailleurs en disant qu'il fallait améliorer les races par elles-mêmes (2).

Secondement : Nous pouvons les marier en faisant parmi eux le meilleur choix possible ; c'est ce que l'on nomme la sélection. La sélection est donc le meilleur appareillage possible au milieu du décousu, du mélange et de la ruine de nos races régionales ; moyen absurde pour refaire les races, et qui opère le mélange confus des éléments, c'est-à-dire, pas de race du tout, mais qui produit quelquefois de bons chevaux quand les types semblables se rencontrent.

Troisièmement : Enfin, le croisement qui se fait légalement entre races régionales différentes reconnues (3), soit étrangères, soit du pays ; on obtient ainsi des demi-races ou sous-races. Hélas ! laissez donc chez eux les chevaux arabes et anglais, car ce sont leurs absurdes croisements avec les nôtres qui ont perdu nos races, et

---

(1) De ὁμαιμος, qui est du même sang, frère ou sœur, proche parent ou proche parente, et de γαμος, noces.

(2) *Principes d'adénisation,* gr. in-18, 1859, pages 76 et suivantes, par J.-E. Cornay.

(3) Par alliance, une belle race en disparité de conformation et de couleur avec celle inférieure qu'elle doit couvrir, ne peut la laver ; il y aura toujours du décousu dans le produit ; les races ne deviennent belles que par les soins.

qui ont conduit nos chevaux au décousu, et par suite à l'empirisme de la sélection.

Chaque race doit se produire par la descendance directe de deux ou plusieurs individus mâles et femelles, sortis du même père et de la même mère et semblables en tous points.

Nous avons en France tous les moyens d'améliorer les races régionales, et d'en faire de nouvelles, en les respectant dans leur propre filiation et dans leurs troupeaux respectifs.

Nous déclarons absurdes la sélection et le croisement, si on les pratique dans le but de l'amélioration des races ou de leur restauration. La sélection, comme le croisement, ne pourrait produire que l'amélioration des chevaux, ce qui n'est pas, et non des races. L'omaimogamie, ou le mariage entre proches parents, est notre seul moyen, notre ancre de salut pour obtenir la restauration des races fixes, en se conformant aux préceptes que nous développerons plus loin.

Nous le répétons, c'est l'omaimogamie ou accouplement entre parents immédiats (1) qui donne les seuls résultats, les résultats certains de fixité de race. « Qu'on le sache bien, » disions-nous page 81 de nos *Principes d'adénisation*, « la beauté réelle, physiologique d'une race réside dans la fixité du type, c'est-à-dire dans la continuité de ses caractères propres, dans sa descendance. » Et plus

---

(1) Le mode d'accouplement naturel est l'omaimogamie ; la nature ne pratique que l'omaimogamie, c'est-à-dire les mariages consanguins.

loin : « Recherchons donc avant tout la fixité, la pureté du type ; imitons la nature, qui ne se trompe jamais ; multiplions, améliorons les races par elles-mêmes ; ayons des étalons invariables, » etc., etc.

Pour les petits comme pour les grands animaux, sans l'omaimogamie, on perd les races, on les dénature en d'autres races où plutôt on les transforme en sous-races décousues de forme et de couleur.

Ce que l'on doit désirer, c'est la fixité des races (1) françaises, c'est leur pureté, c'est leur élévation à des degrés d'élégance, de finesse, de ressort, de légèreté cavalière, de pose fière, de bonté, de richesse artistique digne des bas-reliefs et des rondes-bosses de nos habiles sculpteurs.

Il faut donc *faire naître le vrai sang dans nos différentes sous-races du pays ;* il faut l'encourager par troupeau, et c'est à ce sujet qu'il serait nécessaire de s'entendre !

On est dans une fausse route, dans une impasse en encourageant le sang anglais, qu'il soit pur ou demi-pur, il détruit les sous-races du pays, il les dérange et les transforme (2) ; tout élément étranger apporté dans une

(1) La graisse est un beau fard : il ne faut pas confondre un cheval fort, bien établi, gras, lustré, pouvant bien détaler, avec un cheval de race. Si c'est cela qu'on appelle améliorer les races que d'avoir des chevaux forts, on peut jeter ce livre au feu, car cela dépend de l'hygiène !

(2) Voici le bilan de nos races, sous-races et mélanges hippiques, que nous avons constaté en France :

1° Les différentes races régionales pures (très rares) ;

race l'altère; serait-il arabe pur, il forme sous-race; puis, avec un autre, il forme encore sous-race, et enfin il arrive bientôt au décousu des formes et de la robe, si ce n'est pas dès le premier croisement; les produits sont chétifs généralement.

Le croisement et la sélection sont l'avilissement des races, quoiqu'ils donnent parfois de très beaux produits. Habituellement, ils amènent le rossage, le décousu, le dérangement des proportions et de la robe dans les produits, parce que les père et mère ne sont pas eux-mêmes proportionnels entre eux.

Une race riche n'est riche que parce qu'elle s'est perpétuée par elle-même. Si un élément vient s'y mêler, la race change en demi-race, et c'est un tort.

Une race doit donc se perpétuer par deux des plus beaux exemplaires mâle et femelle sortis du même père

2° Les embranchements purs des races régionales différentes (très rares);

5° Les mélanges d'embranchements de chaque race régionale (très communs);

4° Les produits du croisement des races régionales différentes constituant les sous-races (très communs);

5° Les produits du croisement de mélanges, d'embranchements de races régionales différentes (trop communs);

6° Les produits du croisement des sous-races différentes (communs);

7° Les produits du mélange confus des éléments des races, sous-races, etc. (trop communs).

Reconnaissez-vous maintenant, si vous pouvez, dans ce chaos.

J.-E. Cornay.

et de la même mère, en n'acceptant pour constituer le troupeau que des descendants en tous points pareils à eux. Le secret des races arabes de cavalerie doit être dans l'accouplement par descendance directe. C'est ce que nous appelons l'omaimogamie, qui doit être réunie à l'hygiène des besoins et à l'éducation des animaux (1).

Qu'est-ce qu'une race? C'est une modification fixe d'un animal sauvage, dans ses caractères naturels, qui se perpétue par descendance directe, modification résultant de la domestication et le plus souvent produite par l'homme dans un but qui lui est utile.

Tandis qu'une sous-race est une modification fixe de deux animaux domestiques dans leurs caractères acquis de race, modification obtenue par le croisement, et qui se perpétue également par descendance directe, c'est-à-dire par omaimogamie, mais non par sélection et croisement.

Comme il se produit toujours plusieurs modifications fixes par la domestication, il y a plusieurs races fixes qui, par les croisements, forment des sous-races qui décroissent jusqu'au sixième degré de croisement, degré dans lequel ces sous-races disparaissent dans la race ou la

(1) Une race très grossière n'est devenue grossière que par le manque d'éducation, d'hygiène, et, en particulier, de nourriture confortable et appropriée. Changez tout cela, et, avec des races grossières, vous ferez des races remarquablement belles avec le temps. Ces quelques mots renferment tout l'avenir des races chevalines françaises.

sous-race majeure, sans laisser de résultats après l'extinction des sujets (1).

Ainsi, mêlez du sang pur anglais avec du sang pur limousin, au bout de six générations le sang anglais aura disparu par les extinctions ; il n'y aura plus que du sang pur limousin. Si, au contraire, il y a perpétuité de l'action du sang pur anglais sur le sang limousin, vous transformez alors vos races limousines en sous-races anglo-limousines, et vous faites maladroitement le sacrifice de vos belles races d'équitation, pour acquérir des sous-ra-

---

(1) Vous voulez, nous disait un amateur de Rochefort, excellent écuyer et très connaisseur, que nous conservions nos chevaux à tête énorme, à mâchoire forte ; je sais bien qu'ils sont d'excellentes bêtes de trait, mais les propriétaires prétendent qu'ils ne sont pas de défaite ; maintenant, il nous faut des carrossiers. Qu'est-ce que cela nous fait, la race, pourvu qu'un cheval ait de l'apparence et se vende bien. Oh ! nous vous arrêtons-là, mon cher monsieur : la mode à Rochefort est à l'école de dressage, on y a des idées préconçues et arrêtées, c'est-à-dire que les gros propriétaires veulent faire un nouveau commerce sur les carrossiers. Eh bien ! le moyen qu'ils veulent employer, le croisement, est le plus mauvais ; il a ses déboires ; ils feraient bien mieux de faire l'acquisition de belles juments de Mecklembourg avec le cheval correspondant, et de les respecter dans leur filiation. Il y aurait de l'avantage sur les croisements, qui vous donnent presque toujours du décousu, des sous-races peu riches, et, par conséquent, des pertes. D'ailleurs, en tout vous êtes inconséquent, puisque vous dites que vous ne voulez pas de race et que vous introduisez du sang riche, étranger ; nous voyons bien que vos propriétaires désirent des races qui donnent la gloire et l'argent dans les concours. Qu'ils laissent donc de côté la race de Saintonge s'améliorer par elle-même, qu'ils ne la transforment pas en sous-races décousues, qu'ils prennent plutôt des chevaux dont la race est toute faite.

ces parfois très belles, mais généralement vous avez du
décousu, et vous conduisez vos races « à l'impuissance
cavalière, c'est-à-dire à l'impossibilité de faire avec elles
le service civil et les évolutions militaires du cheval de
main (1). »

Tout le monde comprendra que nous n'avons plus en
France de races régionales bien fixes ; cependant nous
avons de précieux éléments ; il faut l'avouer, les croisements intempestifs et cette malheureuse sélection ont
fai un mélange confus de nos sous-races.

*Tout est à faire et à régler au milieu de cette Babel, où
règne la confusion des sangs, des formes et des couleurs.*

Pour améliorer nos races chevalines, on avait imaginé
comme remède, sans en étudier *les bases physiologiques*,
le croisement et la sélection (2), et c'est tout au plus si
parfois, entendez-vous, si parfois on a par ces moyens
quelques chevaux passables de conformation, pour nos
cirques et pour orner nos promenades, et encore ces chevaux, passables pour l'amateur, qui se contente d'une tête
expressive et d'une peau fine, qui ne voit que certaines
qualités, comme la régularité de l'allure, la vitesse, le
trot et le petit galop cadencés, la douceur, présentent au

---

(1) *Principes d'adénisation*, gr. in-18, 1859, page 81, par J.-E. Cornay.

(2) Le commerce dénature les races suivant son intérêt du moment,
suivant la mode, en sorte que les races s'altèrent et se perdent dans de
misérables sous-races. L'État ne doit pas tolérer cette manière de faire
irréfléchie, qui porte un si grand tort à la remonte de la cavalerie ; il
doit maintenir les races régionales, quelles qu'elles soient !

physiologiste presque toujours des caractères positifs de sous-races des 3°, 4°, 5° et 6° degrés, par des vices de proportions et de robes, c'est-à-dire des sujets inférieurs, quoiqu'ayant une certaine élégance et même certaines qualités.

Tandis qu'un cheval attelé à une voiture de brocanteur, venu par la grâce de Dieu, c'est-à-dire avec ses propres parents, proportionné quoique disloqué, ce qui tient à la misère physique qu'il a éprouvée dans ses ancêtres chez des maîtres pauvres, offre, au contraire, des caractères de race supérieure et des qualités de courage et d'activité qui étonnent l'amateur, observateur toujours incompétent.

Voici des faits qui se comprendront dans la suite de ce travail, et qui donneront du prix à des chevaux devenus rosses de père en fils par les mauvais soins de leurs maîtres, et qui ont cependant conservé en eux, par des caractères primitifs, de ces rayons divins transmis par la loi de la genèse.

De l'unité spécifique du cheval primitif.

Le cheval fut l'unique espèce de sa progression spécifique (1), et ce furent les individus de sa descendance qui

(1) Notre progression spécifique représente le genre ancien des naturalistes.

remplacèrent, par leurs caractères individuels de différerence, les espèces diverses et différentes qui constituent toujours la progression spécifique. C'est donc, pour le cheval, la progression tonique de l'espèce unique qui remplaça la progression spécifique constituée ordinairement par des espèces voisines différentes.

Ce même fait s'est reproduit pour les cinq progressions spécifiques des autres solipèdes. Elles n'eurent chacune qu'une espèce unique, et c'est encore la progression tonique de chaque espèce unique qui remplaça pour chaque espèce la progression spécifique.

Ces faits reconnus, l'espèce unique cheval aurait dû constituer seule un genre ancien de Cuvier, par cela même que la fécondité lui est bornée.

Il en est de même du couagga, du dauw, du zèbre, de l'onagre et de l'hémione; ces cinq autres espèces de solipèdes auraient dû constituer chacune un genre particulier dans le règne animal de Cuvier (1).

Mais laissons de côté ces distinctions, et revenons au cheval, l'unique espèce de sa progression spécifique, laquelle devient par cela même une progression tonique dont les espèces toniques sont les individus de sa des-

---

(1) Aussi les jolies personnes auxquelles Cuvier voulait démontrer son système au Jardin-des-Plantes lui disaient toujours : « Mon Dieu ! monsieur Cuvier, les dames qui visitaient, dans son temps, M. de Buffon saisissaient bien son histoire naturelle, mais nous vous avouons ne pas comprendre votre règne animal ; nous ne le comprenons pas ! » Ces dames étaient aussi des enfants terribles.

cendance directe qui présentent les caractères différentiels de *frères,* que nous nommons *omaimiens.*

Ainsi le cheval primitif et sa descendance constituent
une *progression spécifi-tonique.*

Le cheval appartient à la *progression spéciale* des *solipèdes,* composée du *cheval,* du couagga, du dauw, du zèbre, de l'onagre (âne) et du dzigguetai (hémione).

Il appartient à la *progression ordinale* des pachydermes, composée des éléphants, des mastodontes, des hip-
popotames (1), des cochons, des anoplotheriums, des rhi-
nocéros, des damans, des palæotheriums, des lophiodons,
des tapirs et des *solipèdes.*

Il appartient à la *progression distributive* des mammifères, composée des bimanes, des quadrumanes, des carnassiers, des marsupiaux, des rongeurs, des édentés, des
pachydermes, des ruminants et des cétacés.

Il appartient à la *progression générale* des vertébrés,
composée des *mammifères,* des oiseaux, des reptiles et
des poissons (2).

(1) Ces animaux, vrais pionniers, ont rendu les plus importants
services à l'homme en canalisant le fond des fleuves et en régularisant
les cours d'eau. Pour leur récompense, on leur envoie des balles de fer.

(2) A la page 30, nous allons donner notre tableau partiel de la
genèse des pachydermes; plus tard, nous publierons notre tableau général de la genèse, que nous avons constaté être fondée sur les nombres
proportionnels et progressionnels; nous y travaillons depuis bien des
années.

TABLEAU PARTIEL DE LA GENÈSE DES PACHYDERMES (1).

LES SOLIPÈDES OU QUADRUPÈDES A UN SEUL DOIGT APPARENT.

Genèse animale.

Progression générale des vertébrés.

Progression distributive des mammifères.

Progression ordinale des pachydermes.

Progression spéciale des solipèdes.

1re progression (2) spécifique.
Espèce unique : le cheval.
— Progression tonique : les omaimiens (3).

2e progression spécifique.
Espèce unique : le couagga.
— Progression tonique : les omaimiens.

3e progression spécifique.
Espèce unique : le dauw.
— Progression tonique : les omaimiens.

4e progression spécifique.
Espèce unique : le zèbre.
— Progression tonique : les omaimiens.

5e progression spécifique.
Espèce unique : l'onagre.
— Progression tonique : les omaimiens.

6e progression spécifique.
Espèce unique : le dzigguetai.
Progression tonique : les omaimiens.

Les caractères différentiels des frères dans la genèse primitive ont donné la progression tonique qui a remplacé pour chaque solipède la progression spécifique qui n'avait qu'*une seule* espèce. Donc c'est une erreur de dire : *equus asinus, equus quaccha*, etc. ; car il n'existe qu'un seul *equus*, c'est le cheval, les autres espèces de solipèdes étant des genres différents, ou mieux des spécificités différentes.

(1) De παχυς, épais, et δερμα, peau. — (Cuvier.)
(2) Lisez page 194 et suivantes de la *Morphogénie*, grand in-18, Paris, 1855, par J.-E. Cornay.
(3) De ομαιμος, consanguins, proches parents, frère et sœur. — (J.-E. Cornay.)

Notre tableau partiel de la genèse des *pachydermes,* que nous avons placé ici, démontre et indique la place réelle qu'occupe le cheval dans la genèse animale. Nous disons genèse au lieu de dire règne, parce qu'elle seule fait pressentir la vie dans la loi de la distribution des espèces, la loi des proportions et des progressions, la loi des nombres, la loi de l'harmonie que nous avons seul reconnue.

Le cheval est l'unique espèce de sa progression spécifitonique, et ceci est une prévoyance divine ; à quoi auraient servi plusieurs espèces pareilles de chevaux, et elles n'auraient pu avoir des différences, puisque les caractères des autres solipèdes offrent ces différences dans la progression spéciale, et que la domesticité produit toutes les couleurs, les formes et les différentes tailles du cheval.

L'unité de l'espèce cheval est prouvée encore par le fait de coloration. En effet, quels qu'ils soient, les chevaux petits ou grands se varient en domesticité sous les mêmes tons de coloration, quel que soit le climat.

Ceci nous a frappé depuis bien des années, nous qui avons eu des chevaux, qui assistâmes à de grandes chasses, qui suivîmes les concours hippiques, et qui constatons ce fait à Paris chez toutes les races et sur une quantité toujours croissante de chevaux qui passent sans cesse sous nos yeux.

Les différentes couleurs des chevaux domestiques.

La triangulation des échelles de tons des couleurs de la robe des chevaux domestiques nous a donné pour résultat, à son point central, la couleur initiale du cheval sauvage primitif; c'est à ne pas le croire, tant ce fait est intéressant et remarquable; et cependant, en y réfléchissant bien, l'on conçoit de suite que cela ne pouvait pas être autrement. Nous possédons désormais un procédé physiologique pour retrouver et reconnaître la couleur et la forme primitives d'un animal domestique dont on a perdu les caractères génésiques; c'est admirable!

Cette triangulation n'a point été préconçue dans notre esprit; elle s'est produite seule par nos recherches, et, comme on peut le voir, l'imagination n'y a été pour rien.

Voici ce qui nous est arrivé : nous avons commencé par enregistrer toutes les couleurs des robes des chevaux, depuis le noir jusqu'au blanc, puis depuis le blanc jusqu'au rouge, enfin depuis le rouge jusqu'au noir. Nous avons eu de suite un triangle, par cela même que ces couleurs primaires se fondent les unes dans les autres dans les robes, et cette disposition triangulaire de ces échelles de tons des couleurs a eu pour résultat de nous faire entrevoir d'autres échelles de tons intermédiaires, dont les trois principales convergent des trois angles du triangle vers le centre, où s'est placé naturellement le *fauve* pur (1), qui est la couleur du cheval sauvage primitif, cheval dont la robe contient le *jaune,* le rouge, le blanc et, par la raie noire dorsale, les zébrures des membres et les crins noirs, le noir.

En donnant du rouge au fauve on a le fauve-rouge ou l'alezan-doré, sur l'échelle du fauve au rouge ou alezan.

En donnant du blanc au fauve on a le fauve-blanc ou l'isabelle, sur l'échelle du fauve au blanc.

En donnant du noir au fauve on a le fauve-brun ou café torréfié, sur l'échelle du fauve au noir.

L'alezan doré, l'isabelle et le fauve-brun se triangulent (2) pour fournir les échelles des tons intermédiaires, et l'on peut dire aussi qu'il existe des échelles de tons entre la couleur initiale fauve et tous les tons des deux triangles. De cette sorte, l'on voit combien les tons des robes varient chez les chevaux, combien est grand le mélange confus des races.

Plus un ton intermédiaire est rapproché d'un ton extrême, plus il tient de ce ton.

Ainsi, par la triangulation, l'étude du ton de la couleur

---

(1) Fauve pur, c'est-à-dire ne tirant ni sur le blanc, ni sur le rouge, ni sur le noir, mais légèrement sur le jaunâtre.

(2) Toutes les couleurs se triangulent entre elles dans les alliances. Cependant les alliances vicieuses produisent souvent des inversions de couleurs dans les robes, telles que : des crins lavés sur des robes brunes ou des crins bruns sur des robes claires, des mélanges de poils, des taches, des marques ; ce sont des signes de dégénérescence de race et de mélange confus.

de la robe des chevaux devient facile; on trouve de suite sa place sur le tableau.

La triangulation est applicable à tous les animaux dont les couleurs naturelles se sont tranformées par la domesticité.

Mais de ce travail il ressort un fait important, c'est-à-dire *une loi particulière,* savoir : que tout animal ne voit sa robe transformée que dans les tons de couleurs dont il possède les principes en lui-même.

Chez le cheval primitif, le fauve contient du jaune comme couleur fondamentale, du rouge comme couleur tonique, et du blanc comme couleur véhiculaire ou tempérante.

Nous n'avons jamais rencontré cette couleur fauve chez un cheval, sans qu'il eût la raie dorsale, les zébrures des membres et les crins noirs. C'est donc là que se puise le principe du noir des races domestiques.

Les résultats de la triangulation des échelles de tons des couleurs de la robe de chevaux domestiques sont, comme on le voit, excessivement utiles et remarquables. Nous avons donc découvert les caractères de coloration du cheval primitif; et désormais nous pourrons avoir, au Muséum de Paris ou ailleurs, le type du cheval sauvage de la genèse.

Les principales couleurs indiquées sur l'échelle du noir au blanc, sont : le noir, le gris-brun, le gris, le gris-blanc, le blanc.

Les principales couleurs indiquées sur l'échelle du blanc

au rouge ou alezan, sont : le blanc, le blanc-blond, le blond, le rouge-blond, le rouge ou alezan.

Les principales couleurs indiquées sur l'échelle du rouge au noir, sont : le rouge ou alezan, le rouge-bai, le bai ou marron, le bai-brun, le noir.

Les principales couleurs du fauve au noir, sont : le fauve plus ou moins brun, plus ou moins noir.

Les principales couleurs du fauve au blanc, sont : les différents tons de l'isabelle.

Les principales couleurs du fauve au rouge ou alezan, sont le fauve rouge, l'alezan doré, etc.

Les principales couleurs de l'alezan doré au fauve-brun, sont : l'alezan plus ou moins brûlé.

Les principales couleurs du fauve-brun à l'isabelle, sont : l'isabelle plus ou moins brun.

Les principales couleurs de l'isabelle à l'alezan doré, sont : l'isabelle plus ou moins rouge.

Les principales nuances de la couleur fauve initiale, sont : tous les tons de cette couleur qui ne vont : ni vers le blanc, ni vers le rouge, ni vers le noir.

Maintenant, que l'on cite telle couleur primaire que l'on voudra, elle viendra se distribuer inévitablement dans son échelle respective.

Nous avons constaté chez les chevaux domestiques toutes les couleurs indiquées sur le tableau de triangulation et beaucoup d'autres intermédiaires. La couleur fauve se dégradant vers le fauve-brun, vers l'isabelle et vers l'alezan-doré, par un affaiblissement graduel, s'est trouvée être la couleur initiale du cheval primitif.

Buffon dit que les chevaux tarpans de l'Asie sont de couleur brune, isabelle et gris de souris. M. Gervais (1) donne, d'après le docteur Roulin, le bai-châtain comme couleur presque générale des chevaux marrons américains, du Paraguay, du Brésil et de la Colombie. Le *Dictionnaire de médecine vétérinaire* annonce que la couleur isabelle est celle du très petit cheval demi-sauvage des dunes de nos landes de l'Ouest. La couleur du petit cheval corse de montagne varie du rouge au bai-brun; il en existe probablement de robes plus claires.

Toutes ces différences dans les robes, indiquées par les auteurs avec une tendance vers le fauve par l'isabelle, le brun et le gris, tendance que nous avons observée nous-même, prouvent que les chevaux demi-sauvages ne sont que des chevaux échappés, auxquels il faudrait bien du temps pour effacer, dans la liberté, les marques que la domestication leur a imprimées, et pour reprendre la couleur génésique du cheval primitif, la couleur fauve!

Nous avons remarqué que la couleur fauve naturelle au cheval primitif, se montrait, quoique très rare, de

_____

(1) *Dictionnaire pittoresque d'histoire naturelle*, page 24, à propos des chevaux arabes et tartares sauvages : « Quant aux auteurs qui parlent de ces animaux comme existant, et qui les disent de *couleur blanche*, il est probable qu'ils sont dans l'erreur et qu'ils ont considéré comme représentant le type primitif des individus affectés d'albinisme, car les animaux sauvages normalement blancs n'existent que sous le cercle polaire.

Rouge à Crins Rouges ou Alezan

Rouge-bai

Rouge-Blond

Échelle des Robes

Tons

Fauve-rouge ou alezan-doré

Bai ou marron

Blond

Échelle des tons

Échelle des Robes

Bai-brun

Échelle des tons des Robes

Couleur — Initiale
Fauve rare ou sale
nommé à crins noirs
du cheval Primitif

Blond-blanc

Fauve-brun ou Café Torréfié.

Échelle des tons

Fauve-blanc ou Isabelle.

Échelle des tons des Robes.

Règle Générale
Crins plus foncés que la Robe

Règle Générale
Crins moins foncés que la Robe.

Noir à crins noirs.

Gris-brun

Échelle des tons des Robes.

Gris

Gris-blanc

Blanc à Crins blancs

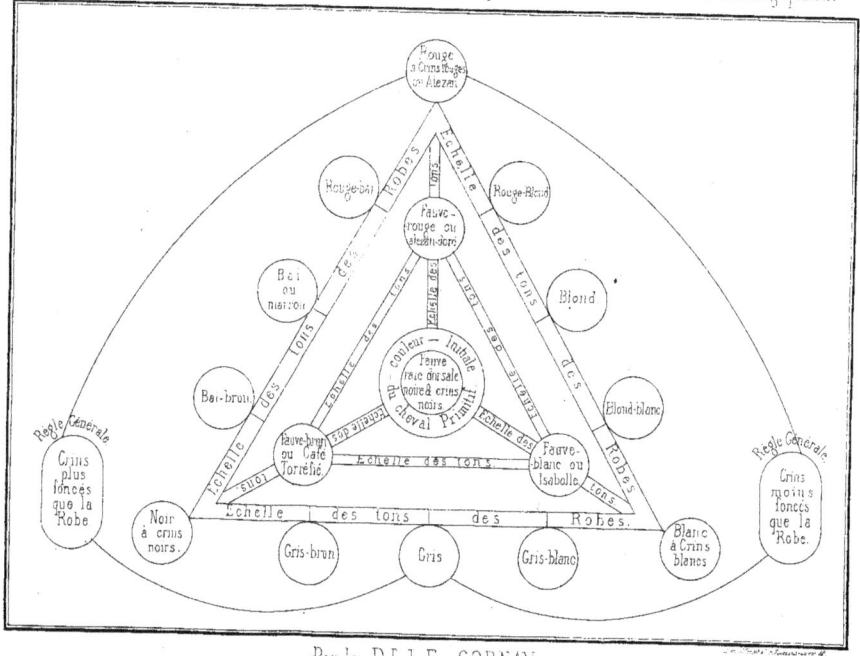

Par le Dr. J. F. CORNAY

préférence chez les chevaux ayant à peu près la taille que
nous avons indiquée, 1 mètre 20 à 1 mètre 30 centimètres ; que les plus petits se rapprochaient de l'alezan ou
rouge à crins rouges et du rouge-blond, bien qu'il y en
ait de bai-bruns et de fauve-bruns à raie dorsale noire ; et
que pour les plus grands, chez lesquels la nature a été
beaucoup plus dérangée ou modifiée, la couleur dégénérait
de plus en plus vers le rouge, le noir, le blanc, ces tons
extrêmes, et les tons intermédiaires à ces trois couleurs (1).

C'est ici le moment de dire que d'après la fréquence de
chaque couleur et leur progression proportionnelle croissante ou décroissante, le grand courant de modification de
la couleur fauve initiale paraît s'effectuer le plus souvent
par l'échelle des tons, du fauve au rouge ou alezan, du rouge
au blanc, du rouge au noir, du noir et du blanc au gris.

Du rouge au gris, en passant par le noir, les crins sont
généralement noirs ; du rouge au gris, en passant par le
blanc, les crins sont généralement lavés ou blanchâtres.

Nous n'avons pas à parler ici des robes secondaires ou
à poils de couleurs mêlées, telles que celles désignées
sous le nom de pécharde, aubère, rouan, pommelée,
pie, vineuse, rubican, truitée, tigrée, mouchetée, char-
bonnée, et des marques, taches et *nævi materni* des différentes parties du cheval, telles que les bottes noires ou blanches, la capeline noire ou cap de maure,
les taches de feu, les étoiles et les balzanes, etc.
Toutes ces couleurs secondaires et ces marques indi-

(1) Il y en a également de fauves à raie dorsale noire.

quent la misère des alliances; ces variétés sont des preuves certaines du mélange confus des individus, de l'avilissement des races et de leur infériorité réelle. Et cependant on peut observer ces variétés sur des sujets bien établis, forts, robustes, élégants même, ce qui prouve *que la race* est autre chose que ce que le cheval acquiert par l'hygiène et l'éducation. La force, l'élégance, la puissance sont des qualités acquises par les soins chez les ancêtres; elles sont transmissibles aux produits, même dans les mélanges inconsidérés de la sélection et du croisement.

Tous les chevaux, quelle qu'en soit la couleur, ont la peau noire sous leurs poils plus ou moins clairs, plus ou moins foncés.

L'albinisme du cuir ou de la peau chez les chevaux est très rare et ne se montre que partiellement, surtout aux lèvres, au nez, autour des yeux (1), et alors l'œil correspondant est souvent bleuâtre; au fourreau, à la verge, à l'anus; c'est un signe d'étiolement très avancé chez des races pauvres. Il ne faudrait pas confondre les taches de ladre avec les taches de cicatrices ou de brûlures, ou celles qui résultent de l'application d'un vésicatoire, qui offrent souvent la même apparence.

Nous avons constaté que la couche noire de la peau du cheval résidait non dans l'épiderme et la couche blanche celluleuse qui le sépare du derme, mais dans la troisième couche, qui se trouve garnie d'une matière noire pigmen-

(1) On appelle taches de ladre celles qui sont dépourvues de poils.

tale qu'elle sécrète à la manière d'une glande en nappe.
C'est donc quand une plaie, une brûlure ou un agent thé-
rapeutique, etc., intéresse cette couche colorante, que la
cicatrice reste blanche après la guérison. Cette matière
colorante passe au blanc dans l'albinisme partiel ou général de la peau du cheval (1), par suite d'un étiolement
prolongé et par faute de lumière solaire.

Le système des bulbes des poils est tout particulier,
et, bien que résidant dans le derme, ils ont des capillaires
propres qui viennent, comme ceux de la couche colorante, des vaisseaux des bourgeons sanguins qui constituent la couche la plus profonde de la peau, et qui est sé-
parée de la couche colorante par une couche mince de
tissu celluleux (2).

Les bulbes des poils ayant une circulation et une sécrétion particulières, quoique tout-à-fait identiques à celles
du corps muqueux (cette partie, la plus superficielle du
cuir qui est surtout formé du derme), cette circulation
propre explique pourquoi un cheval albinos de poil reste
nègre de peau, pourquoi les sucs colorants font défaut
dans les poils et ne font pas défaut dans le corps muqueux ; c'est que la peau est une membrane importante,
sécrétante, active, se continuant avec le tube intestinal,
tandis que les bulbes des poils sont des espèces de para-

(1) On nomme, dit-on, *melados* les chevaux complétement albinos.

(2) Gaultier a très bien étudié les couches de la peau, et nous avons
suivi ici sa division en six couches avec plaisir.

sites qui vivent bien quand la lumière, la chaleur et l'é-
lectricité les protégent par leurs proportions légales. Les
poils de la peau, dans les écuries sombres, sont comme
les plantes qui, à l'ombre, dans un jardin, ne se colorent
pas convenablement; l'hygiène domestique y est aussi
pour quelque chose.

Tous ces faits sont si intéressants pour la physiologie
des autres espèces, que nous regrettons de ne pouvoir
en dire davantage, à cause de la forme restreinte de cet
écrit.

Les robes des chevaux domestiques dans lesquelles se montre la raie noire dorsale.

Si on lit l'article de Buffon sur l'âne, article où le savoir étalé par l'intelligent philosophe nous prouve qu'il
ne l'était pas lui-même, on trouve dès le commencement
cette phrase très importante pour nous : « Que la plupart
des chevaux sauvages (lisez redevenus sauvages) dont
parlent les voyageurs sont de petite taille et ont, comme
les ânes, le poil gris, la queue nue hérissée à l'extrémité,
et qu'il y a des *chevaux sauvages et même des chevaux
domestiques qui ont la raie noire sur le dos,* et d'autres caractères qui les rapprochent encore des ânes sauvages et
domestiques. » Voici tout. Buffon se perd alors dans des
considérations inutiles à suivre et qui n'ont aucun rapport avec notre sujet. De tous temps les gens plus ou

moins ignorants qui se sont occupés de chevaux ont appelé la raie dorsale que l'on observe chez certains d'éntre eux, *la raie du mulet.*

Cuvier ne parle pas de cette raie noire dans son règne animal. Personne ne s'est occupé de rechercher le pourquoi de cette *raie noire dorsale.*

Buffon la constate comme le plus simple palefrenier, et il en tire la même conséquence que le cheval et l'âne pourraient bien être le même animal déformé par la domestication; mais bientôt il détruit cette conséquence fugitive et dit qu'ils pourraient être aussi bien deux espèces. Enfin il reste dans le doute, ayant plaidé pour les deux idées.

Nous allons donc étudier *la raie dorsale* et prouver qu'elle est un caractère de premier ordre. Il faut que la lumière se fasse à ce sujet.

La progression spéciale des solipèdes offre six espèces connues, que la loi naturelle, dans son impulsion génésique, a réparties ainsi :

Le cheval, le couagga, le dauw, le zèbre, l'onagre (1) et le dzigguetai (2); elles présentent toutes la ligne noire dorsale, de laquelle, chez l'onagre, descend sur chaque épaule une petite bande noire en pointe, qui forme une croix sur le garot, et qui constitue le premier rudiment

(1) L'onagre ou âne sauvage.

(2) Le dzigguetai ou hémione.

des zébrures transversales que nous offrent le zèbre, le dauw et le couagga.

Cette *raie noire* et ces zébrures sont évidemment un caractère spécial qui appartient à la progression spéciale des solipèdes, et non uniquement à l'espèce onagre.

La *raie noire dorsale* est donc un des plus précieux caractères que nous possédions, et dont personne n'a su tirer parti pour la physiologie, ni su comprendre les conséquences relativement aux races chevalines.

Ainsi, Cuvier même, l'homme positif, se contente presque toujours des caractères ostéologiques dans ses études sur les vertébrés. Il annonce que les solipèdes sont des quadrupèdes qui n'ont qu'un doigt apparent et un seul sabot à chaque pied, quoiqu'ils portent (dit-il) sous la peau, de chaque côté du métacarpe et du métatarse, des stylets qui représentent deux doigts latéraux. Il n'en fait qu'un *seul genre;* c'est là la grosse erreur. L'âne, qu'il appelle *equus asinus* (Lin.), est loin d'être un cheval, et le zèbre, *equus zebra* (Lin.), encore moins. Mais laissons ces fautes qu'il a copiées de Linnée, et continuons de citer les excellents caractères que Cuvier nous indique comme appartenant aux chevaux. (Pour nous, ils appartiendront à la progression spéciale des solipèdes, ce qui est bien différent.) « Ils portent (dit-il) à chaque mâchoire six incisives qui, dans la jeunesse, ont leur couronne creusée d'une fossette, et partout six molaires à couronne carrée, marquées par des lames d'émail qui s'y enfoncent de quatre croissants, et, en outre, dans les supérieures, d'un petit disque au bord interne. Les mâles ont de plus deux petites canines à la mâchoire supérieure et quelquefois à toutes deux, qui manquent presque toujours aux femelles. Entre ces canines et la première molaire est l'espace vide où l'on place le mors.

« Leur estomac est simple et médiocre, mais leurs intestins sont très longs et leur cœcum énorme; les mamelles sont entre les cuisses. »

Voici des caractères spéciaux de premier ordre; mais avec eux nous ne pouvons guère traiter, il faut que tout le monde l'avoue, la question des races et celle de l'origine des races.

La raie noire dorsale est donc pour nous un caractère de la plus grande importance, puisque nous avons constaté qu'elle constitue un caractère spécial, c'est-à-dire appartenant à *tous* les solipèdes.

Aussi, lorsqu'elle se montre en domesticité, elle ne peut apparaître qu'avec la robe du cheval primitif ou avec une robe qui en approche beaucoup.

La raie noire dorsale va donc aussi nous servir à découvrir la couleur initiale du cheval primitif. Il est évident que plus la raie noire sera intacte sur un individu, plus la couleur de la robe de ce cheval sera dans la loi naturelle, dans son ton originel, légal et proportionnel.

Eh bien! en étudiant les différentes robes des chevaux, nous avons constaté que la raie noire ne donnait aucun signe d'existence du rouge ou alezan au gris-blanc, en passant par le blanc, et dans les tons intermédiaires; du blanc à l'isabelle, et dans les tons intermédiaires ; du rouge ou alezan au rouge-bai, et dans les tons intermédiaires ; du rouge ou alezan à l'alezan-doré, et dans les tons intermédiaires.

Mais que, de la couleur bai au bai-brun, il se montrait quelquefois sur la croupe un rudiment de 30 centimètres de la raie dorsale noire, et même parfois sur le dos la raie complète, mais étroite.

Que le gris-brun, certains alezans dorés et fauve-bruns et l'isabelle plus ou moins foncé, offrent en croupe parfois aussi les mêmes apparences de la raie dorsale et même sur le dos la raie dorsale entière.

Que tous les tons des robes qui se rapprochent, dans le tableau de triangulation, de la couleur fauve, sont accompagnés d'une raie dorsale de plus en plus foncée de brun et de plus en plus complète, c'est-à-dire allant en s'élargissant de la crinière à la queue.

Mais que, dans la robe fauve et dans ses dégradations, il existe une raie dorsale éclatante d'un beau noir de jayet, allant toujours d'une crinière à une queue, teintées du noir d'ébène le plus parfait, la raie noire se développant parfois sur une largeur de 2, 3 et 4 centimètres dans toute sa beauté sauvage et primitive.

Ainsi, on le voit, c'est la présence d'une raie dorsale complète qui nous a fait découvrir la couleur de la robe originelle du cheval sauvage primitif, le fauve.

Mais, sans la triangulation des échelles de tons, des couleurs de la robe des chevaux, nous n'aurions point cu la même certitude et la même joie en l'annonçant.

Cette découverte de la couleur originelle du cheval, va concourir dans nos mains à la reconstruction du type primordial de cet animal, que nous allons opérer, et l'on conçoit le parti immense que nous tirerons bientôt de la connaissance de ces caractères importants, pour la restauration des races chevalines domestiques, suivant leur degré d'éloignement et leur rapport avec le cheval primitif.

Reconstruction du type du cheval sauvage primitif.

Plusieurs caractères vont se réunir dans le but que nous nous proposons, savoir : la reconstruction du type du cheval comme il existait au moment où il est sorti de sa première genèse.

Alors il ne présentait pas de ces déformations que l'on admire et que l'on nomme des qualités, et qui annoncent un animal qui a tiré ou traîné des fardeaux, porté des cavaliers, dansé ou couru dans les cirques ou les hippodromes ; il n'offrait pas ces formes acquises dans des professions exercées de père en fils, et qui lui ont fait donner le nom de cheval de trait, de cheval de carrosse, de cheval de selle, de cheval de course, de cheval de bât, de double bidet, etc.

Alors aussi on ne lui voyait pas ces poses forcées du métier de la famille, ces marques d'identité produites par

les harnais, il n'était ni la girafe anglaise ni l'hercule
trapu du Perche; gracieux dans ses proportions, comme
l'hémione dans les siennes, il en avait à peu près la
taille (1); il offrait aux regards de ses premiers chasseurs et de ses premiers maîtres une couleur constante
dans ses frères, car les animaux sauvages qui sont consanguins n'ont que des différences toniques ; sa forme
générale était fixe comme celles des cinq autres solipèdes
que nous possédons encore à l'état réellement sauvage,
et qui vont nous servir, par leurs caractères spéciaux, à
établir à peu de chose près le type normal du cheval
primitif.

Type idéal du cheval primitif.

1° Taille au garot, environ 1 mètre 20 à 1 mètre 30 centimètres;

2° Garot peu marqué;

3° Front très peu bombé;

4° Chanfrein peu busqué;

5° Oreilles courtes, attachées sur le côté de la tête;

6° Naseaux ouverts largement et presque aussi avan-
cés que la lèvre supérieure;

(1) Nous savons que le cheval domestique, redevenu sauvage, prend
une taille proportionnelle à la fertilité ou à la stérilité, à l'humidité
ou à l'évaporation des vallées d'habitation.

7° Tête fine, sauvage ;

8° Yeux larges, inquiets, pleins d'expression, bruns ;

9° Joues aplaties jusqu'aux lèvres ;

10° Lèvres fines, menton bien fait ;

11° Ganaches fines, légères, marquées et écartées ;

12° Gorge et devant du cou gracieux ;

13° Cou rectiligne de la tête au garot, cou rectiligne des mastoïdes au poitrail ;

14° Reins presque droits ;

15° Croupe arrondie, presque droite avec les reins, cependant légèrement inclinée ;

16° Hanches arrondies ;

17° Queue charnue, ne descendant pas jusqu'au pli de la fesse ;

18° Poitrail aussi large que le bassin ;

19° Épaules et fesses modelées ;

20° Ventre marqué, mais peu saillant ;

21° Avant-bras et jambes musculeux ;

22° Genoux et jarrets bien dessinés, secs et élastiques ;

23° Membres osseux, tendineux et bien plantés ;

24° Quatre châtaignes peu marquées ;

25° Boulets secs avec un peu de poils en arrière (fanon) pour couvrir l'ergot (1) ;

26° Paturons proportionnés, c'est-à-dire bien jointés ;

---

(1) La châtaigne et l'ergot sont les indices de deux doigts latéraux indiqués par les stylets latéraux.

27° Sabots étroits, ramassés, noirs, durs et élastiques, à muraille oblique se rapprochant de la verticale;

28° Poils courts;

29° Robe fauve-jaunâtre se dégradant chez les chevaux domestiques dans les différents tons de l'isabelle, de l'alezan-doré et du fauve-brun;

30° Raie dorsale noir de jayet, large de 1, 2, 3 à 4 centimètres, allant en s'élargissant de la crinière à la queue;

31° Zébrures noires, en bracelets, situées au bas des avant-bras et des jàmbes;

32° Crinière droite, noir de jayet;

33° Queue peu garnie à la base, crins noir de jayet, ne descendant qu'aux jarrets;

34° Barbe, cils, sourcils et fanons à poils rares, noïr de jayet.

Voici le type idéal du cheval primitif que nous avons déduit des caractères que l'on trouve, et chez les autres solipèdes, et chez les chevaux domestiques qui ont conservé quelques-unes des marques de l'état sauvage.

Ainsi la robe fauve uniforme, se blanchissant bien peu sous le ventre, aux plis des cuisses, sous la gorge, aux naseaux, entre les cuisses, les fesses, allant de plus en plus du fauve au fauve laiteux, des genoux et des jarrets aux sabots, avec la crinière, la raie dorsale, les zébrures des membres, la queue, les fanons, la barbe et les cils noir de jayet, est celle du cheval primitif et sauvage.

Quelle robe charmante, quel animal magique, et toutes

ces beautés, tous ces caractères admirables, nous les
avons trouvés épars sur les chevaux domestiques, souvent vieux et éreintés; ils ont été jusqu'à présent inconnus des hommes, car les chevaux actuellement ne présentent guère isolément les perfections proportionnelles
de l'état primitif. Comment les offriraient-ils ces caractères génésiques, eux qui ont été esclaves d'esclaves, qui
ont souffert avec l'homme malheureux, pauvre et errant,
qui ont traîné les fagots du foyer, les grains de la nourriture, les pierres du bâtiment; qui ont reçu l'averse pendant la sueur du travail, le soleil pendant la soif, le froid
pendant la faim; qui ont suivi l'homme dans des guerres
incroyables; qui ont supporté les frimas de l'hiver, les
nourritures grossières, les injures de leurs maîtres, l'attaque des animaux ; qui ont couché sur le sol humide et
dans la fange infecte des écuries sombres et étroites, et
cela pendant des siècles? eux que l'on a forcé dans leur
allure, dont on a abusé des forces, que l'on a soumis à
des aliments fixes, en les privant de choisir naturellement
leurs plantes nutritives par l'odorat, et, après avoir supporté toutes ces tortures, les chevaux ont été croisés dans
leurs différentes déformations. Où donc rencontrer un
seul cheval qui présente ses caractères génésiques , ses
beautés proportionnelles, quand tous ont eu leurs leviers dérangés par le travail de métier ou leurs os ramol-
lis par le manque d'hygiène, la stabulation prolongée et le
rachitisme. Chez l'un, les formes ont été déprimées dans
un sens, chez l'autre dans un sens contraire ; celui-ci a les

jarrets qui se touchent, celui-là est devenu à hanches cornues, à force d'avoir tiré la charrue de père en fils.

Ici le poitrail et les épaules se sont élargis par l'action du collier chez les ancêtres. Là les abus de la maternité et les trop fortes charges chez les antécédents ont ensellé la colonne vertébrale; plus loin, les oreilles se sont développées par l'action du froissement du collier en coiffant la tête, et la tête elle-même est devenue pendante par l'allongement des aponévroses du cou, par l'action continuelle de pâturer.

C'est que les chevaux demandent des soins particuliers, bien entendus, soutenus, toujours soutenus!

De tous les caractères que nous avons indiqués comme appartenant au cheval primitif, les plus importants sont :

1° La couleur de la robe d'un ton fauve, prenant aux membres la teinte fauve de plus en plus laiteuse jusqu'aux sabots.

2° La crinière, la raie dorsale, les zébrures des avant-bras et des jambes, la queue et les fanons (1) noir de jayet.

Nous avons vu plusieurs chevaux offrant les caractères de robe fauve d'une pureté génésique parfaite, ayant les crins noirs et la raie dorsale d'un noir d'ébène; mais ils

---

(1) Le fanon est le pinceau de poils qui couvre l'ergot à la partie postérieure du boulet, sur le derrière des pieds ; chez les chevaux de travail surtout, le fanon est très développé par l'action même de la coupure et de l'arrachement fréquents des poils. La crinière et en général tous les crins et les poils poussent par l'effet de la coupure.

nous ont presque tous présenté, jusqu'à présent, un caractère ignoble de domesticité ; ils ont, les malheureux, le bas des membres noirs ; ce qui est contraire à la loi naturelle générale que nous avons constatée.

Nous avons vu des chevaux alezan-doré ayant la raie dorsale et les crins fauves, ce qui constitue des caractères secondaires de domesticité.

Nous avons vu des chevaux isabelle à raie dorsale fauve-brun et noire, ayant le bas des membres isabelle clair jusqu'aux sabots, ce qui est relativement parfait, mais avec un caractère secondaire de domesticité, les crins fauve-doré, etc.

Actuellement tous les chevaux ont la crinière tombante ; c'est un caractère évident de domesticité, car aucun des cinq autres solipèdes sauvages n'a la crinière tombante ; il en est de même de la queue, qui ne doit pas dépasser de beaucoup les jarrets, et qui doit être dégagée de poils dans le haut (1).

Nous puisons la preuve que le cheval primitif avait le bas des membres fauve ou fauve-laiteux par dégradation de sa robe fauve, dans ce premier fait que les cinq autres solipèdes les ont de la couleur de leur robe, en se blanchissant un peu jusqu'aux sabots.

Dans ce second fait, que la plupart des chevaux eux-mêmes ont le bas des membres de la couleur de leur robe.

Enfin dans ce troisième fait, que la plupart des quadru-

Il existe des ânes à queue de cheval ; ceci est produit par le frottement de la croupière qui coupe les poils.

pèdes ont le bas des membres de la couleur de leur robe.

Chez le cheval primitif, qui est fauve, le fond de la couleur est le jaune; le rouge a teinté très légèrement le jaune, et le blanc a adouci la couleur générale. C'est dans la raie dorsale noire, les zébrures et les crins noirs que se sont trouvés les éléments du noir et des teintes brunes des chevaux domestiques.

Nous avions donc tous les renseignements possibles pour reconstruire le cheval sauvage primitif et perdu.

Nous admirons ce résultat, qui aura le plus grand retentissement, et dont on ne peut pas prévoir les suites heureuses pour la prospérité de notre pays.

Le premier devoir du physiologiste n'est-il pas de conserver ou de rétablir les espèces dans leur nature? Ne doit-il pas les connaître à fond afin de les transformer et avant de les restaurer. C'est pourquoi nous avons fait à ce sujet cette étude nouvelle.

Les races régionales doivent être améliorées par elles-mêmes.

Lorsque pour la première fois nous avons dit qu'il fallait améliorer les races par elles-mêmes (1), nous avons entendu jeter un cri de désespoir par les importateurs des races étrangères, et surtout par les importateurs des races anglaises.

Ils ne voulaient pas être troublés dans la démolition

(1) *Principes d'adénisation,* page 76 et suivantes, gr. in-18, 1859, par J.-E. Cornay.

de nos races régionales, par l'intromission du sang pur,
du demi-sang, du quart de sang, et souvent du rien de
sang étranger.

L'engouement était tel, que l'on ne parlait que de races
anglaises; on allait jusqu'à dire qu'il fallait dix mille étalons anglais pour améliorer nos races régionales. Ces
dernières étaient méprisées, négligées, confondues; elles
devaient subir, comme les plus vils individus, le croisement des races anglaises aristocratiques, si affreuses dans
leurs disproportions, et qui ne peuvent servir à un peuple
de chasseurs, d'écuyers et de guerriers.

C'était l'intronisation de ces races anglaises à la place
des nôtres, c'était l'équitation, l'art transformé en luttes
d'acrobates, c'étaient les réactions généreuses changées
en cadences ridicules (1).

Mon Dieu, depuis bien longtemps nous nous sommes
aperçu que la plupart des personnes qui s'occupent de
races et d'écrire sur les races se payaient de mots; qu'elles
sont presque toutes incompétentes; ne connaissant pas la
partie physiologique en elle-même, elles prennent toujours la question par le mauvais bout. Remarquez bien
que ce que nous venons de dire est juste; on ne doit rien
confondre. D'abord, il faut bien se mettre en tête que

(1) La race anglaise provenant de chevaux andalous et arabes n'est
qu'une sous-race rendue fixe ; du reste, toutes les races actuelles, même
l'arabe, ne sont que des sous-races. Il est vrai que l'on peut élever une
sous-race à un état supérieur par les soins et l'omaimogamie, et lui
donner alors le nom de race.

c'est la *domestication seule* qui a produit les races primaires ; que, dans les diverses régions de la terre, les *circumfusa* et les moyens employés, différant les uns des autres, les races domestiques ont eu des différences proportionnelles à ces moyens et à ces *circumfusa*.

Alors, les mariages étaient naturels ou par omaimogamie, c'est-à-dire entre proches parents et proches parentes, le même mâle agissant toujours sur le troupeau ; on se serait bien gardé d'aller chercher à Rome un étalon pour le desservir.

Ainsi toutes les races chevalines que l'homme possède sont le produit de la culture régionale dans les différents pays et de la domestication avant toute considération d'alliances.

Si pour juger les races, il est utile de connaître l'anatomie des régions, la topographie comparative des formes, la physionomologie, les mœurs, les aptitudes et les qualités de métier, etc., il est aussi nécessaire de savoir que le sol, le climat, l'altitude, l'action de l'atmosphère, la chaleur et le froid, la sécheresse ou l'humidité, les nourritures différentes, l'exercice ou le travail, la liberté ou la réclusion (1), enfin l'espèce de soins, ont concouru à former les races en modifiant les caractères spéciaux et spécifiques du

(1) Nous attribuons à l'hydrogène sulfuré libre dans le sang la décoloration plus ou moins grande des poils, des crins et des cheveux, sous l'action plus ou moins puissante de la concentration locale des fluides organiques ; l'hydrogène s'emparant de l'oxygène de la matière colorante.

cheval primitif, dont souvent la misère, la mauvaise nourriture, les intempéries, les mauvais traitements, l'excès
du travail, l'air vicié des écuries ont ramolli les os, dévié
les membres, rétréci la poitrine, déformé les pieds, abattu
la croupe, diminué la taille, changé la couleur, etc.

Les abus de nourriture grossière ont développé l'ab-
domen.

Une faible ou forte nourriture donnée aux juments
pleines a influé sur les proportions et la taille des produits. C'est ce qui fait que la taille des chevaux augmente chez certains éleveurs et diminue chez d'autres ;
il n'y a pas besoin de croiser les races pour cela.

En sorte que l'avenir des races est d'abord dans l'hygiène, dans les soins bien entendus, puis dans l'éducation.

Pour améliorer nos races régionales, qui ont leur physionomie particulière, faut-il aller chercher chez les voi-
sins une nouvelle race avec sa physionomie particulière,
et faire des croisements qui perdent les deux races dans
une sous-race très temporaire, car à la sixième génération la race importée a disparu par les extinctions, à
moins qu'elle agisse constamment comme moitié généra-
trice, et, dans ce cas, la race n'est pas améliorée, elle est
changée, entendez-vous, changée? Si quelques exemplaires de cette sous-race présentent des qualités, la généra-
lité sera *proportionnellement décousue,* suivant la *relation
des formes* des deux races croisées.

Presque tous les vétérinaires, depuis Bourgelat, c'est
plus commode, professent le croisement des races pour

les améliorer. Tous les vétérinaires se sont trompés ; ils les transforment. Et si on continuait toujours les croisements avec de nouvelles races étrangères, on arriverait au mélange confus des races ; c'est ce qui est arrivé.

Suivant nous, toute race, la plus brute possible, devient charmante à la sixième génération, augmente ou diminue de grandeur par les soins, *l'hygiène,* l'espèce de nourriture, la ration, le pansage, l'éducation, la liberté, l'exercice, l'amitié.

En un mot, avec deux rosses déformées, mâle et femelle, par les alliances directes ou l'omaimogamie, pendant seulement trois générations ou douze ans, à l'aide de l'hygiène et des soins confortables, l'on fera de jolis chevaux, et de même que le temps et les mauvais soins les ont déformés, le temps et les bons soins les restaureront dans leur descendance ; l'animal est une pâte molle que l'on modèle ou déforme par les bons et les mauvais soins. Ainsi l'on peut arriver à la finesse des formes aristocratiques comme à la misère des formes ridicules.

La nourriture des juments pleines doit particulièrement être réglée suivant ce que l'on veut obtenir.

Mais, en dehors et indépendamment des soins hygiéniques, qui comportent surtout l'aération, la propreté et la salubrité des écuries, nous devons dire comment doit se pratiquer l'omaimogamie ou mariage entre proches parents, car c'est sur elle et non sur la sélection et le croisement qu'il faut compter pour restaurer nos races régionales.

On doit diviser les chevaux d'une région en chevaux
de selle, chevaux de trait, chevaux de carrosse (1), et
même faire des divisions dans ces trois branches de métier.

Alors les chevaux de selle ne devront jamais couvrir
que des juments de selle de même nature.

Les chevaux de trait que des juments de même nature.

Les chevaux de carrosse que des juments de même
nature; tout cela suivant la race régionale.

Voici la base fondamentale du respect des races de
métier, qu'il est nécessaire de conserver.

Les mariages doivent se faire constamment dans la
race de métier; le cheval de cavalerie légère avec la jument de cavalerie légère, le cheval de grosse cavalerie
avec la jument de grosse cavalerie, le petit cheval de
trait avec la jument respective, etc., etc., etc.

Il faut donc astreindre tous les chevaux à une sorte
d'état civil, *que l'on appellera état de race,* qui commen-
cera à la naissance par l'enregistrement, par un *commis
communal,* du nom, du sexe, du nom du père et de la
mère, de leur couleur, de leur race de métier régionale,
et qui se continuera pendant la vie de l'animal et même
jusqu'à sa mort. Chaque cheval aura son livret, où tout

---

(1) Ne jamais tolérer qu'un cheval de selle soit attelé, à moins qu'il
soit réformé pour la saillie et le service militaire, et qu'un cheval de
bât ou de trait porte ou traîne plus que sa force le permet, avant qu'il
soit réformé pour la reproduction ou la remonte.

sera constaté. Ce livret, à sa mort, sera renvoyé à sa commune au commis d'enregistrement.

Le livret sera délivré à trois ans; il constatera les détails propres au cheval; ses vices comme ses qualités et ses caractères.

Les choses étant ainsi disposées, tout reposera alors pour fonder chaque race sur l'établissement des embranchements de race (1). Nous appelons *embranchements de race* les différentes robes qui existent dans chaque race.

Il faut savoir que *les couleurs des robes sont proportionnelles aux formes,* que la couleur est le contrôle de la forme, etc. Ceci est très important et très vrai. Il en résulte que l'on ne devra jamais permettre, dans chaque race de métier, qu'un cheval d'une couleur couvre une jument d'une autre couleur; l'alezan ou rouge à crins rouges ne devra même pas couvrir l'alezan doré; le blond le blond-blanc; le blanc le gris; le gris le noir; le noir le bai, le bai l'alezan, etc.

Enfin chaque couleur racière, qui caractérise l'embranchement dans chaque race domestique régionale, et par conséquent dans chaque race de métier, ne devra s'allier qu'avec la couleur pareille à elle-même, par exemple : la robe alezane avec la robe alezane, la robe noire

---

(1) Nous avons calculé qu'une race ne pouvait être réellement fondée que lorsque ses embranchements de race étaient établis par le respect des robes et des formes dans les alliances. Dans ce travail, ce que nous disons pour les chevaux est applicable à tous les animaux domestiques.

avec la robe noire, et le zain (1) avec le zain, etc.

Déjà l'on s'aperçoit de la pureté qu'auront les produits par la vérité de nos études sur la réglementation des alliances.

Alors l'on aura dans chaque race régionale, ou mieux dans chaque race de métier de chaque région, les embranchements de race suivants :

(Nous ne donnons ici que les robes principales d'embranchements de race).

Robes racières pures et unicolores ou d'embranchements de race, immatriculées suivant leur importance relative à la robe du cheval primitif :

A. Robe sacrée du cheval primitif :

Robe fauve-jaunâtre, à raie dorsale noire, zébrures noires, crins noirs.

B. Robes d'embranchements qui en découlent :

1º Robe fauve-rouge à crins et à raie dorsale fauves;

2º Robe isabelle à crins fauves ou noirs et à raie dorsale fauve ou noire;

3º Robe fauve-brun à crins noirs et à raie dorsale noire ou noirâtre ;

4º Robe bai, à crins noirs et à raie dorsale ou à rudiment de raie dorsale noire, sur la croupe ;

(1) Une robe unicolore sans taches fait donner au cheval le nom de zain.

5° Robe grise, à crins noirs et à raie dorsale noire ou à rudiment de raie dorsale noire, sur la croupe ;

6° Robe gris-brun, à crins noirs et à rudiment de raie dorsale noire, sur la croupe ;

7° Robe rouge-bai, à crins noirs ;

8° Robe bai-brun, à crins noirs ;

9° Robe alezan ou rouge, à crins semblables ;

10° Robe noire, à crins semblables ;

11° Robe blanche, à crins semblables ;

12° Robe café au lait, à crins semblables ;

13° Robe chocolat, à crins semblables ;

14° Robe rouge-blond, à crins semblables, }

15° Robe blonde, à crins semblables, } ou lavés ;

16° Robe blond-blanc, à crins semblables, }

17° Robe gris-blanc, à crins semblables. }

Il est inutile de maintenir toutes ces robes, il y a un choix certain à faire. Si l'on voulait conserver des robes à poils mêlés ou robes secondaires, ou composées du mélange des embranchements de race, l'on aurait les robes rouan, aubère, pie, pommelée, truitée, etc., etc.

C'est en respectant dans les mariages ce que la nature

_____

(1) On devra faire attention, quand on examinera une robe, à la dégénérescence de la couleur qui se trouve souvent lavée, rougie ou brunie par une mauvaise alliance dans l'accouplement ; il n'en sera pas moins vrai, qu'elle sera, par exemple, d'origine alezane, fauve ou blonde, quoiqu'elle paraisse tout autre, et que, suivant sa nature, elle aura ou n'aura pas la raie dorsale, quoique cependant le ton de la robe semble la contre-indiquer ou l'indiquer.

a laissé ou donné aux animaux dans la domestication, que l'on constituera fortement chaque race de métier, dans chaque race régionale. Si dans une région l'on ne fait que des chevaux d'un seul métier, la chose devient très facile; mais dans tous les cas tout peut s'arranger.

Ainsi on conçoit qu'une foule de tons insignifiants, qui naissent du hasard, de même que les formes bizarres qui les accompagnent, disparaîtront forcément avec elles dans les couleurs et les formes racières, à mesure que chaque embranchement de race deviendra fixe. C'est alors que les formes s'épureront avec les couleurs, par cela même que ces caractères sont coïncidents et proportionnels entre eux. Bientôt les chevaux prendront des types inconnus de pureté; le tissu de la peau deviendra fin, veiné; les muscles se grouperont avec harmonie; les os prendront les dispositions utiles à de bons leviers. En même temps que le physique, les soins bien entendus et journaliers relèveront le moral du cheval domestique, l'exercice (1) son énergie, l'aération, la propreté des étables et la liberté sous le soleil lui donneront un sang généreux, et les races régionales, après six générations,

---

(1) Il est une excellente institution: les écoles de dressage, que l'on devra encore améliorer sous le nom de *colléges hippiques*. Les colléges hippiques devront recevoir tous les chevaux âgés de trois ans et au-dessus pour y être soumis à des soins et à une instruction protectrice qu'ils ne pourraient recevoir chez les fermiers, et cela moyennant une somme mensuelle équivalente aux frais d'entretien à la ferme, payée soit en argent, soit en nature; c'est l'association.

seront tellement restaurées et améliorées, qu'on ne parlera plus d'introduire les races étrangères, dont on devra cependant permettre l'introduction, mais avec cette restriction qu'elles devront se multiplier par elles-mêmes, suivant leur métier, leur nature régionale et surtout *leur couleur, qui est le seul caractère de contrôle* des embranchements de race.

Tout le monde voit bien maintenant que l'amélioration des races et mieux leur restauration, dépend du concours de plusieurs éléments; que la sélection et le croisement sont la dissolution des races, *la trahison des races;* que l'omaimogamie est la base de leur conservation et de leur restauration; que c'est le moyen de la nature, qui ne se trompe pas; qu'elle doit s'exercer entre chevaux de même couleur, de même forme, de même métier, de même race régionale, que les races soient dans leur pays natal ou transportées sur n'importe quel continent.

Dans la nature, l'omaimogamie, ou mariage entre proches parents et proches parentes, nous est enseignée par les noces animales et les noces végétales.

Si la partie animale végétative est soumise à des lois physiologiques, elle est aussi soumise à celles de la culture, qui améliore tous les êtres, comme le manque de culture les détruit. C'est par la culture surtout que l'on doit *améliorer* les races, c'est-à-dire les fortifier, mais pour les *restaurer*, l'omaimogamie seule le peut.

Les races régionales ont toutes des qualités respectables de domestication, même les plus petites; on peut les développer sous tous les rapports physiques et moraux ; seulement, jusqu'à présent, les personnes chargées de diriger (1) les accouplements et les soins, n'ont jamais connu les chevaux que comme écuyers ; mais ces cavaliers qui ont toujours vaincu les ennemis seront sans doute heureux de se rendre à la science.

Précisément, c'est qu'il faut être profondément savant en physiologie quand il s'agit d'une utilité nationale telle que le cheval, quand il s'agit de races chevalines, de leur amélioration et de leur restauration, deux choses bien différentes ; sans la science, l'argent s'écoule inutilement dans les sacoches anglaises et dans les ceintures arabes.

Dernières considérations.

La domestication, qui nous rend maîtres des espèces sauvages, a donné à l'homme des résultats qui restent confondus, chez les chevaux domestiques, avec les dé-

---

(1) Nous sommes tout-à-fait opposé à l'anarchie actuelle de la culture du cheval ; nous voulons, au contraire, que cette partie de la zooculture puise sa liberté et sa vérité dans une loi de droit commun ; nous voulons que l'État tienne sous sa direction tous les étalons, même les étalons particuliers, afin qu'aucun croisement de races ne puisse avoir lieu, et que l'on empêche peu à peu la sélection, qui nous a mêlé les chevaux de toutes les provenances, sous prétexte de faire le meilleur choix dans les alliances.

Il faut donc une organisation nouvelle, scientifique et administrative, dont nous ne pouvons point fournir ici les précieux éléments.

rangements physiques produits par la misère que ces animaux ont éprouvée de père en fils chez leurs différents possesseurs. Que de déviations, de contorsions, de déformations, qui sont la suite de mauvaises habitudes, qui sont aussi les marques indélébiles du rachitisme, de la dégénérescence des forces, occasionnées par l'insuffisance des réparateurs.

Une autre cause de détérioration physique est souvent la transportation d'un animal d'un pays dans un autre, où il éprouve toutes les secousses de l'acclimatation et où il ne peut se naturaliser dans sa descendance qu'en donnant des produits chétifs et inférieurs.

Généralement, l'homme abuse des forces de la nature ; il veut les plier à sa volonté immuable et irréfléchie. Découvre-t-il la vapeur, bientôt il voyage avec elle à la vitesse du boulet ; invente-t-il la construction en fer des vaisseaux, le voilà qu'il forge *le Léviathan ;* s'empare-t-il d'animaux qui peuvent lui être utiles, il croit que la terre lui appartient, et, sans consulter les lois générales de la vie, il les transporte au loin, sans s'apercevoir aussi que ces animaux ont des âmes proportionnelles, qu'ils savent aimer les lieux qui les ont vu naître, les frères qu'ils ont léchés, les habitudes qu'ils ont acquises ; qu'ils ont besoin du sol qui résista à leurs pieds, du courant atmosphérique qui ventila leur fourrure , de l'intensité du soleil qui colora leur chair, de la fontaine où ils ont baigné leurs jeunes lèvres, de l'air qui les fortifia.

Rien n'empêche : vous vous plierez, dit l'homme, à

mes désirs, et les animaux passent les mers, entassés dans des navires souvent fétides, privés pendant le trajet des aliments frais qu'ils prenaient en liberté; aussi arrivent-ils à leur destination dans un état *d'épuisement scorbutique et putride* que nous avons le premier indiqué pour des lamas que l'on croyait atteints de gastro-entérite, et pour lesquels nous avons conseillé l'emploi du quinquina, qui a réussi (1), suivant les préceptes indiqués dans notre ouvrage sur l'action du quinquina dans les maladies par infection (2).

Les chevaux résistent beaucoup plus à la transportation, par cela même que leur nourriture est parfaitement

(1) Le quinquina a réussi dans les mains habiles de T. Girard, vétérinaire en 1er de la garde de Paris, après avoir fait avec nous l'autopsie d'un lama mort en 1861 au Jardin d'Acclimatation, des suites d'une traversée pénible et provenant de l'expédition de l'intrépide M. Roehn. Il est évident pour nous que les singes, les carnassiers et les autres animaux qui meurent vite sous notre climat, où il faut les enfermer, pour ainsi dire, en *vase-clos*, ne périssent que par les miasmes. Il faut donc leur donner le quinquina et la valériane en extrait ou en sirop. Je suis bien sûr que l'on ne sera pas *si longtemps à s'emparer de cette idée*, qui est nôtre, qu'on l'a été pour nous prendre nos *études physiques* sur le *rayonnement des corps à l'état liquide, gazeux, en vapeur et en combustion dans les flammes*, ce que nous appelons *Rabdoscopie*, ainsi que notre instrument que nous nommons *rabdoscope*, publiés, il y a huit ans, avec planches, dans notre *Morphogénie*, page 64 et planche 3; les principes de cette étude appartiennent donc à la France et non à l'Allemagne, qui peut les avoir développés.

(2) *Nouvelles recherches sur les maladies appelées typhus*, etc., grand in-18, 1844, par J.-E. Cornay.

4*

connue, et que, généralement, vivant dans des écuries, ils sont plus habitués à la réclusion.

Mais quoique, ce n'est pas dans peu de temps que l'on
peut naturaliser des chevaux étrangers, la différence de
climat agit surtout sur leurs produits, qui viennent souvent misérables.

Tout ce que l'on a fait jusqu'à présent pour améliorer
les races chevalines a été empirique et est résulté des
conversations tenues dans les manéges, les cirques et les
hippodromes, et cela, nous le disons bien sincèrement,
ne suffit pas pour obtenir un résultat; les idées ne sont
rien, quand *tout doit être frappé au coin de la science exacte
et pure;* lorsqu'il s'agit d'améliorer (1) les races chevalines,
qui sont appelées à aider à la défense du sol de la patrie,
tant que les hommes, qui doivent être frères, seront di-
visés.

Maintenant, voulez-vous savoir où nous ont conduit la
sélection et le croisement enseignés et appliqués depuis
Bourgelat et peut-être avant lui?

Placez-vous sur un boulevard et regardez les chevaux
qui passent; n'est-ce pas que, pour la plupart, ils sont
de malheureux esclaves qui ont souffert de père en fils?
Les individus des différentes tailles, car il n'y a plus de

---

(1) Ce n'est pas *améliorer* qu'il faut dire, c'est *restaurer*, par cela
même que les races n'existent, pour ainsi dire plus, par la faute des
incompétents, et que l'amélioration ne porte que sur l'hygiène; on améliore les chevaux et l'on restaure les races.

races, sont non-seulement déprimés dans leurs formes, mais tous sont aussi d'une couleur incertaine. Ah! si l'on pouvait placer à côté d'eux le cheval sauvage primitif, on verrait sa noble prestance, sa vitesse, ses ressorts, son élégance, ses formes proportionnelles, dont les rosses décousues, à oreilles longues ou pendantes, à nez retroussé ou busqué, à jambes jarretées, à pieds panards, seraient elles-mêmes étonnées, si leur intelligence n'était pas aussi déprimée que leur corps. Si elles pouvaient comprendre, comme l'homme, elles ne croiraient pas que le cheval primitif est leur origine.

Pour restaurer nos races régionales par elles-mêmes, il faut six générations, c'est-à-dire vingt-quatre ans; mais on peut avoir déjà des résultats de la première à la quinzième année et successivement, car nous possédons encore quelques éléments magnifiques qui ont échappé à la dévastation (1), et qui pourront servir à la restauration des races françaises de cavalerie et même de tous les métiers.

Nous emploierons donc :

L'omaimogamie chez les individus purs ou à peu près purs ;

La sélection chez les individus impurs, à formes déprimées et à poils mêlés ;

---

(1) C'est que la nature est généreuse, puisqu'elle reproduit parfois les caractères de la robe du cheval primitif, quand celles d'un mâle et d'une femelle qui se croisent s'en rapprochent ; les espèces se déforment et se reforment dans leur type naturel, suivant des proportions fixes.

Le croisement, avec les races étrangères, sera réservé aux individus déjà croisés, afin de les transformer peu à peu dans leur descendance, en leurs races étrangères respectives.

En France, on n'a jamais compris le point physiologique de l'établissement et de la conservation des races ; ce qui le prouve, c'est la confusion des sangs, que l'on ne peut démêler que difficilement.

Ceux qui voudraient s'occuper de la restauration des races régionales, comme écuyers, comme vétérinaires, comme agriculteurs ou comme administrateurs (1), seraient-ils cousus d'or, n'atteindront jamais le but utile à la France, dont la science pure doit présider les conquêtes.

(1) Nous pouvons leur dire : « Depuis deux siècles et plus, qu'avez-vous fait pour la fondation des races ? Rien ! » Il en est de même des commissions pour l'amélioration des races : *elles leur seront toujours défavorables,* par cela même que chacun a ses idées plus ou moins vraies, plus ou moins fausses, *toujours avec les meilleures intentions du monde ;* croyez-le, c'est ce qui est arrivé à toutes les époques !

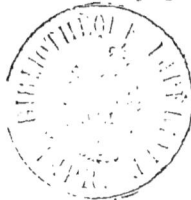

FIN.

TABLE DES CHAPITRES.

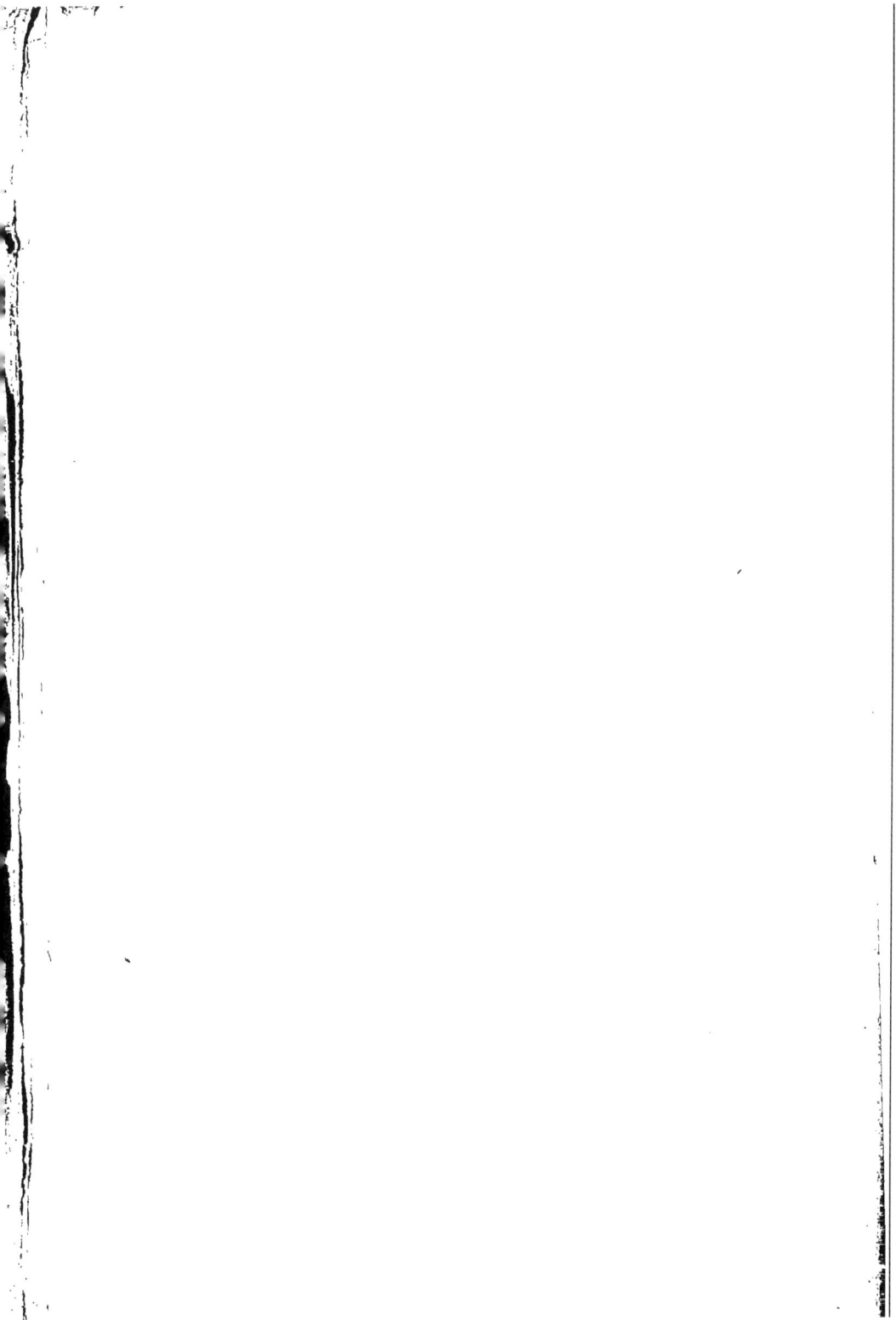

DU MÊME AUTEUR :

Considérations générales sur la classification des Oiseaux, étude de l'os palatin, in-8°.

Éléments de Morphologie humaine. — *Physionomie de relation,* localisation physionomique des plis faciaux représentatifs des différents actes de relation ; — *Physionomie naturelle,* genèse des formes, loi d'ordre universel ; — *Physionomie anormale,* appréciation des lois, des théories et des faits relatifs à la genèse des organes; pour servir à l'étude des races. — 1850, grand in-18, *avec douze planches.*

Principes de Physiologie et éléments de Morphogénie générale, ou *Traité de la distribution des matériaux de formation dans les espèces naturelles.* — Unité de matière, Electromotion, Polarisations, Transmutation, les Espèces, le Fluide organique, le Système nerveux des végétaux, la Genèse des formes des espèces naturelles, etc. — 1853, grand in-18, accompagné de *dix planches.*

Principes d'Adénisation, ou Traité de l'ablation des glandes nidoriennes, qui communiquent, par leur sécrétion, plus ou moins fétide, un mauvais goût aux espèces animales alimentaires, et donnent une odeur insupportable aux espèces d'agrément, et *Exposition générale des règles à suivre* dans l'amélioration de la chair des animaux, *avec une planche.*

Mémoires sur les causes de la coloration des œufs des oiseaux et des parties organiques végétales et animales, 1er mai 1860, grand in-8°, et juillet 1860.

Pour paraître prochainement :

Principes de Physiologie et Exposition de la loi divine d'harmonie, ou Traité de la distribution légale des espèces dans la nature; ouvrage dans lequel M. le docteur Cornay, après avoir établi exprès la genèse sur le matérialisme le plus complet, et, par conséquent, le plus erroné, démontrera qu'elle ne pouvait se produire que par le plus pur spiritualisme d'une cause immatérielle et divine.

Imprimerie Ch. MARÉCHAL, r. Fontaine-au-Roi, 18

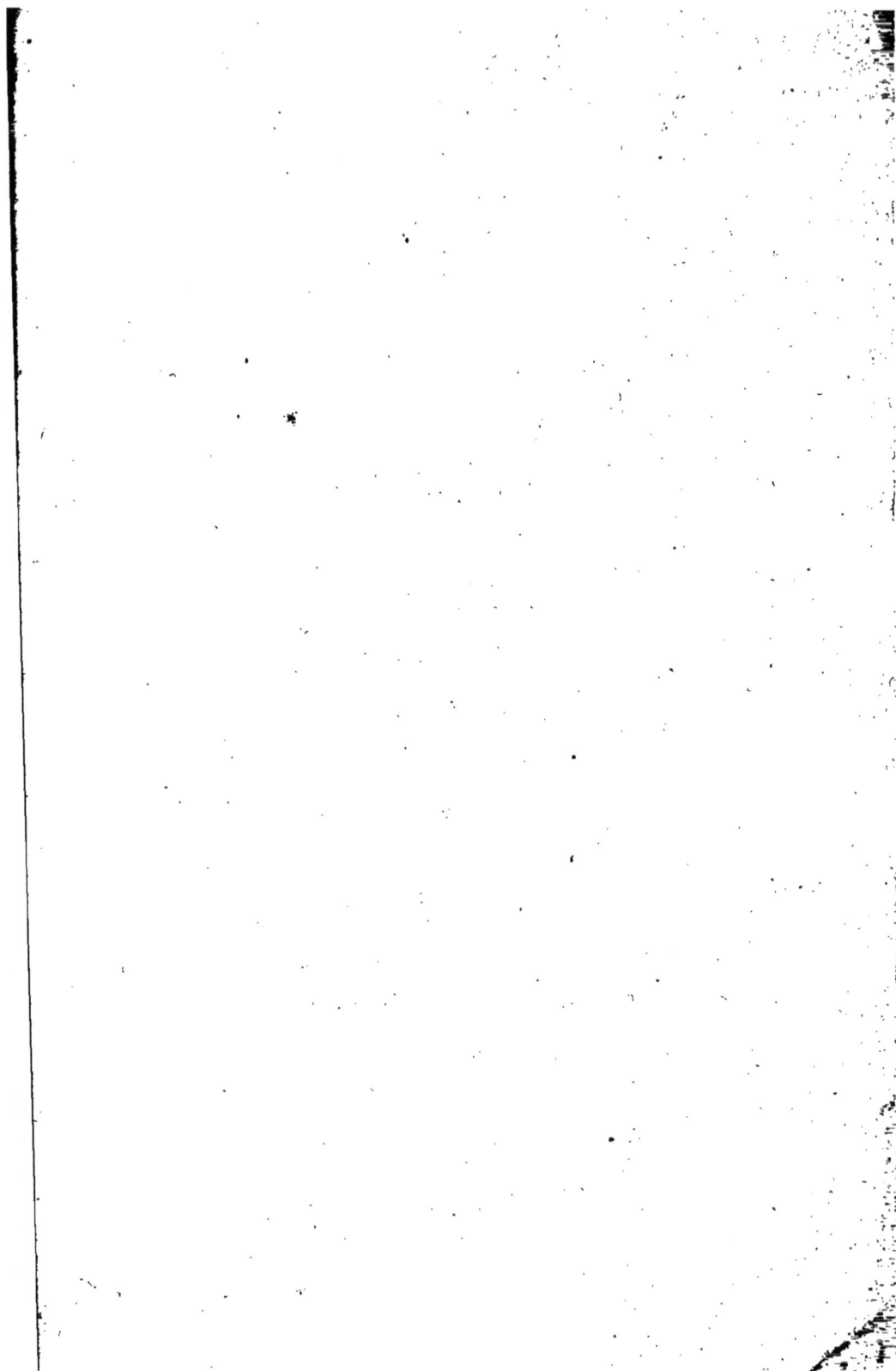

OUVRAGES DE M. CORNAY

QUI SE TROUVENT CHEZ P. ASSELIN

PLACE DE L'ÉCOLE-DE-MÉDECINE, Nº 4.

Considérations générales sur la classification des Oiseaux, étude de l'os palatin, in-8°.

Éléments de Morphologie humaine. — *Physionomie de relation*, localisation physionomique des plis faciaux représentatifs des différents actes de relation ; — *Physionomie naturelle*, genèse des formes, loi d'ordre universel ; — *Physionomie anormale*, appréciation des lois, des théories et des faits relatifs à la genèse des organes ; pour servir à l'étude des races. — 1850, grand in-18, *avec douze planches*.

Principes de Physiologie et éléments de Morphogénie générale, ou *Traité de la distribution des matériaux de formation dans les espèces naturelles*. — Unité de matière, Electromotion, Polarisations, Transmutation, les Espèces, le Fluide organique, le Système nerveux des végétaux, la Genèse des formes des espèces naturelles, etc. — 1853, grand in-18, accompagné de *dix planches*.

Principes d'Adénisation, ou Traité de l'ablation des glandes nidoriennes, qui communiquent, par leur sécrétion, plus ou moins fétide, un mauvais goût aux espèces animales alimentaires, et donnent une odeur insupportable aux espèces d'agrément, et *Exposition générale des règles à suivre* dans l'amélioration de la chair des animaux, *avec une planche*.

Mémoires sur les causes de la coloration des œufs des oiseaux et des parties organiques végétales et animales, 1er mai 1860, grand in-8°, et juillet 1860.

Pour paraître prochainement :

Principes de Physiologie et Exposition de la loi divine d'harmonie, ou Traité de la distribution légale des espèces dans la nature ; ouvrage dans lequel M. le docteur Cornay, après avoir établi exprès la genèse sur le matérialisme le plus complet, et, par conséquent, le plus erroné, démontrera qu'elle ne pouvait se produire que par le plus pur spiritualisme d'une cause immatérielle et divine.

Imprimerie Ch. MARÉCHAL, r. Fontaine-au-Roi, 18

www.ingramcontent.com/pod-product-compliance
Lightning Source LLC
Chambersburg PA
CBHW071250200326
41521CB00009B/1707